The
COOKIES

STYLISH  10 COOKING

프리미엄 유기농 수제 쿠키

The
COOKIES

더 쿠키

임애연 지음

CYPRESS

싸이프레스
Creative and pitiful PRESS

마고쿠키 임애연
마고가 쿠키 책을 만드는 이유

"내가 할 수 있는 일이 무엇일까?"

나는 항상 이 질문에 대한 해답이 궁금했고, 가능하다면 그 결과가 사람들에게 긍정적인 평가를 받길 원했다. 더 나아가 그 결과가 누군가에게 행복을 줄 수 있다면 정말 보람될 것이라는 생각도 했다. 그것이 삶에 풍요로움을 줄 수 있다면 그 일에 시간과 열정을 투자할 가치는 충분히 있지 않을까? 바쁜 일상에 지쳐서 쉬고 싶을 때 즐겁게 쉴 수 있는 방법을 모든 이에게 알려주고 싶다. 그리고 쿠키의 세계를 알아가면서 느꼈던 행복을 전해주고 싶다.

나는 대학에서 미술을 전공했다. 홍익대학교 금속공예학과를 졸업한 후 에스콰이아에서 디자이너로서 첫 사회생활을 시작했다. 비록 조직생활 기간은 그리 길지는 않았지만 회사생활을 통해 나름대로 여러 가지 경험을 했다고 생각한다. 그러한 사회 경험을 바탕으로 남편과 함께 입시미술학원을 운영했고, 입시생들과 열정을 쏟으며 10년 이상을 앞만 보고 열심히 달려왔다. 입시생들에 대한 책임감과 부담감, 압박감이 때로는 힘들기도 했지만 최대한 즐기면서 일하려고 노력했다. 그러다가 반복된 일상에 점점 지쳐갔고 이는 곧 스트레스로 다가왔다. 어떻게 하면 스트레스를 해소할 수 있을지 고민에 빠졌고, 문득 해방감을 줄 다른 무언가가 필요했다.

내가 좋아하는 것은 무엇일까? 손으로 만드는 재미있는 일은 없을까? 이렇게 생각하다가 만난 것이 바로 '쿠키'였다. 손으로 무언가를 만드는 것을 좋아하다 보니 쿠키만들기에 흥미를 갖게 되었고 도전할 수 있었다. 쿠키를 만들면 만들수록 궁금한 것이 너무도 많았고, 쿠키의 매력에 점점 빠져들게 되었다. 그러나 나의 궁금증을 시원하게 해결해 줄 쿠키 관련 책은 많지 않아서 독학으로 해결해야 할 경우가 많았고 결국 한계에 부딪혔다. 그래서 학원에 등록해서 본격적으로 배우기 시작하면서 궁금증을 해결해갔고, 일본과 미국에서 연수과정을 통해 실력을 쌓으며 여러 가지 많은 경험을 하게 되었다. 물론 그러한 과정 중에 실패도 많이 하고 좌절도 많이 겪었지만 이러한 실패를 맛본 것이 지금의 강한 나를 만들었다고 생각한다. 무엇이든 경험하고 부딪혀봐야 길이 보이듯이 많은 경험과 실패를 맛보면 그만큼 성숙해진다. 지금은 눈을 감으면 머릿속에서 쿠키가 저절로 떠오를 만큼 쿠키에 대한 애정이 남다르다. 이런 실패와 좌절을 발판 삼아 나와 같은 고민을 안고 있는 사람들에게 도움이 되었으면 하는 마음에 이 책을 만들게 되었다.

나는 지금 40대이고 이 시기가 내 인생의 전환점이라고 생각한다. 내가 누구인지, 앞으로 어떻게 살아야 하는지, 내가 원하는 게 무엇인지에 대한 고민은 아마도 가족에게 자신의 젊은 시절을 바친 전업주부나 사회 경험을 일찍 시작한 사람이라면 모두 공감하는 불안감이 아닌가 싶다. 새로운 일에 도전한다는 것은 어찌 보면 큰 모험이지만, 자신을 위한 투자라고 생각한다면 삶에 큰 활력소가 되어줄 것이다. 이 책은 가족과 지인을 위해서 쿠키에 관심과 열정을 쏟고 싶은 분들에게 권하고 싶다. 나의 경험과 노하우가 담긴 이 책은 많은 시행착오 없이도 누구나 프로의 맛을 낼 수 있도록 쉽고 친절하게 설명했다. 임애연의 마고쿠키가 당신의 풍요롭고 여유로운 삶을 위해 내딛는 한 걸음의 시작이 되길 바란다.

2013년 12월 삼성동에서

CONTENTS

Part 2

크리스피&크런키 쿠키
얇고 바삭거리며 씹는 맛이 일품인 쿠키

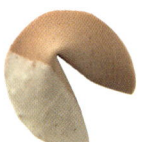

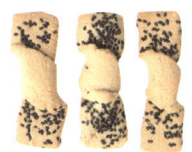

Part 3

델리케이트&샌드 쿠키

부드럽고 입안을 행복하게 만들어주는 쿠키

━━━━ Part 4 ━━━━

리치&덴스 쿠키
재료의 풍부한 맛을 느낄 수 있는 진한 맛의 쿠키

청키&너티 쿠키

거친 표현의 자연스러움과 풍부한 넛류의 만남

머핀&스콘 쿠키
촉촉하고 담백한 맛이 일품인 쿠키

뮤즐리 쿠키
곡물을 이용한 영양에너지 쿠키

Basic
Information

Part 1
먼저 알아두세요!

필요한 도구들

저울
저울에는 눈금저울과 디지털
저울이 있다. 정확한 계량을
위해서는 디지털저울을 사용
하는 것이 좋다.

나무주걱
힘을 필요로 하는 단단한 반
죽이나 뜨거운 재료를 다룰
때 사용한다.

스테인리스 냄비
재료를 끓일 때 사용한다. 바
닥이 두꺼운 것을 사용하는
것이 좋다.

고무주걱
부드러운 반죽을 가볍게 섞
거나 재료를 깔끔하게 마무
리할 때 사용한다.

붓
쿠키 위에 달걀물이나 마
무리 단계의 미로와류를
바를 때 사용한다.

스쿱
아이스크림을 뜰 때 사용하는 도구로 제과에서는 반죽을 일정량으로 떠낼 때 사용한다.

체
쿠키를 만들 때 체를 치는 이유는 밀가루에 공기층을 넣기보다는 이물질을 제거하려는 목적이 더 크다. 그러므로 굵은 체를 사용해야 넛류나 분말류와 같은 입자가 큰 재료도 체치기 좋다.

디지털저울
가정에서는 2kg짜리 디지털저울을 사용하면 충분하다.

계량스푼, 계량컵
계량스푼은 종류에 따라 1/2ts, 1ts, 1Tb(3ts을 말한다.) 스푼으로 나뉜다. 미국 계량컵은 240ml, 한국 계량컵은 220ml로 되어 있으니 컵으로 계량을 할 경우에는 반드시 미국용인지 한국용인지 확인해야 하며, 밀가루의 경우 어떻게 담느냐에 따라 그램(g) 차이가 나므로 주의해야 한다.

	g	ml	밀류	설탕류	액체	고체
1컵	140g	240ml	140g	230g	174g	180g
1Tb(3tsp)	15g	14,79ml	12g	18g	16g	12g
1tsp	5g	4,93ml	4g	6g	10g	4g

※재료에 따라 오차가 있지만 오차로 인해 반죽 상태가 민감하게 반응하지는 않으니 위의 표를 기준으로 계량하면 무리 없이 진행할 수 있다. (위표는 미국 계량컵 기준이다.)

볼

넓은 볼, 깊은 볼 등 여러 가지 볼이
있으며 용도에 따라 선택한다. 가볍
게 쿠키크림 반죽을 할 때는 넓은 볼
을, 머랭이나 부피감을 요하는 반죽
은 깊은 볼을 선택한다.

오븐팬
쿠키를 구울 때 받침으로 사용한다.

깍지
앞부분이 여러 가지 모양으로 되어 있어 짤주머니에 끼우고 내용물을 넣어 모양을 만들 때 사용한다.

식힘망
쿠키나 갓 구운 재료들의 수분 흡수를 막고 식히기 위해 사용한다.

쿠키 커터기
밀대로 민 얇은 반죽을 여러 모양으로 찍어내는 도구이다.

타이머
쿠키 굽는 시간을 재거나 조절할 때 사용한다.

쿠키 나이프
뜨거운 쿠키를 오븐팬에서 식힘망으로 옮길 때 사용한다.

케이크 틀
반죽을 일정한 형태로 구울 때
사용하는 도구이다.

테프론지
수분이 많은 재료를
구울 때 팬에 붙지
않도록 사용한다.

밀대
반죽을 원하는 두께
로 넓게 펼 때 사용
하는 도구이다.

유산지
기름종이라고도 하고 수분
이 많은 제품을 구울 때나 여
러 가지 상황에서 다양하게
사용된다.

나무막대
쿠키나 여러 형태의 파이류에
꽂아 구울 때 유용하다.

짤주머니
묽은 반죽을 깍지가
끼워진 짤주머니에
담아 형태를 만들 때
사용하는 도구이다.

톱칼 , 칼
쿠키를 자를 때 사용하는 도구로 톱날
형태와 일자 형태가 있다. 톱날 형태의
경우 조각 커팅에 많이 사용하며, 일자
형태는 얼린 반죽을 자를 때 적합하다.

치즈갈이
치즈를 가는 도구로 채소나 레
몬과 같은 제스트를 만들 때도
다양하게 사용된다.

손거품기
손으로 재료를 크림
상태로 만들 때 사
용한다.

스크래퍼
반죽을 자르거나 반죽을 뜰 때
사용하며 소보로를 커팅하여
만들 때도 사용한다.

파이 커팅기
반복된 모양을
롤로 자를 때 사
용하기 좋다.

크러스트 커터기
소보로나 스콘을 만들 때 용
이하도록 여러 칼날이 쉽게
만들어준다.

스패튤라
케이크나 쿠키 표면에 일정
량의 생크림이나 버터를 고
루 펼 때 사용한다.

오븐 사용법

오븐의 크기는 온도를 좌우한다. 크기가 작을수록 열이 빨리 오르고 빨리 내려 굽는 과정에서 문제가 될 수도 있다. 작은 오븐의 경우(예를 들어, 오븐팬이 1단 들어가는 오븐) 열이 머무를 수 있는 내부 공간이 좁으면 열이 빨리 오르고 빨리 내리기 때문에 온도 조절이 어렵다. 따라서 쿠키 반죽을 넣으면 속이 익기도 전에 표면의 색깔이 나와 겉은 태우고 속은 안 익는 문제가 발생할 수 있다.

오븐의 종류는 가스 오븐과 전기 오븐으로 나뉜다. 대부분의 가스 오븐은 가정용으로 많이 쓰인다. 따라서 가스를 많이 사용하는 일반 가정에 맞게 제작되어 나온다. 다만 오븐 아래쪽에서 열이 올라오기 때문에 밑단의 쿠키가 제일 먼저 익으므로 굽는 중간에 오븐을 열어 쿠키팬을 위아래로 바꿔 움직여줘야 하는 번거로움이 있다. 아니면 쿠키팬을 2장 깔

고 굽는 방법도 태우지 않는 요령이다.

전기 오븐 중에 컨벤션 오븐은 뒤에 팬이 돌아 열을 고루 분산시켜 주는 기능이 있어 뜨거운 열이 안에서 순환되므로 쿠키팬을 여러 개 넣어도 비교적 전체적으로 잘 구워진다. 이것은 오븐 요리하기에 좋은 기능이라 할 수 있다. 다만 가정용은 누진세가 적용되어 전기료가 부담이 될 수 있다.

전기 오븐은 크기가 다양하게 나오는데, 그 중에서도 오븐의 내부가 3~4단으로 구성된 것을 선택하면 좋다. 열이 너무 빨리 식거나 빨리 오르지 않기 때문에 오래 굽는 케이크류까지도 잘 구울 수 있기 때문이다. 요즘에는 저렴하면서도 열을 분산시키는 팬 기능이 있는 아담한 오븐이 많으니 부담스럽지 않게 시작할 수 있다.

오븐 온도 맞추기

오븐이라고 해서 설정 온도가 모두 같은 것은 아니다. 예를 들어, 오븐의 온도를 180℃로 맞추어도 제조사마다 온도 기준이 다르므로 어떤 오븐은 타는가 하면 또 어떤 오븐은 잘 구워지지 않는 경우도 있다. 따라서 자신이 가지고 있는 오븐의 쿠키 온도를 맞추는 것이 중요하다.

쿠키는 보통 170~180℃에서 굽는데, 보통 오븐 온도를 180℃로 맞추고 쿠키를 4mm 두께로 만들 경우 10분 안에 구워지는 쿠키는 거의 없다. 따라서 만약 10분 안에 완성된 색깔이 나온다면 온도가 너무 높다는 것이고, 반면 15~20분이 지나도 색이 나지 않는다면 수분만 빠질 뿐 온도가 너무 낮다는 뜻이다.

전자레인지

모든 중탕 과정이나 녹여서 사용하는 재료들은 간편하게 전자레인지 해동 코스를 활용할 수 있다. 예를 들어, 초콜릿의 경우 해동 코스를 이용하면 타지 않고 자연스럽게 녹일 수 있다. 그 외에 버터, 치즈류 등 재료를 부드럽게 만들어야 할 때도 해동 코스를 이용하면 간편하게 재료 준비를 할 수 있다.

Magot's Sweet Tip
화씨와 섭씨

미국에서는 온도를 화씨(℉)로, 우리나라는 섭씨(℃)로 표기한다(레시피에 350℉로 나와 있다면 180℃ 맞추면 된다.).

℃	140	150	170	180	190	200	220
℉	275	300	325	350	375	400	425

전기 믹서기 선택 요령

스탠드 전기 믹서기

힘도 좋고 안정감 있는 반죽을 얻을 수 있으나, 취미로 시작하는 경우라면 부피나 가격이 부담스러울 수 있다. 또한 소량을 반죽할 경우 볼이 너무 커서 효율적으로 반죽이 되지 않을 수도 있다. 그러나 장기적으로 계속 쿠키를 구울 계획이라면 힘이 좋아서 다양한 제품(빵류)을 더 만들 수 있고, 많은 양을 할 때도 좋으므로 개인 사업을 하기에도 선택할 만한 제품이다.

글라인더

보통 시중에서 원두커피를 가는 커피 글라인더를 생각하면 된다. 커피뿐만 아니라 향신료(계피, 넛맥 등)를 가는 데 쓰이기도 하고, 크기를 좀 더 큰 것을 구매하면 버터나 쇼트닝 등을 밀가루와 섞어 잘라 소보로를 만들 때도 유용하다.

핸드 전기 믹서기

쿠키 굽기를 처음 시작하는 분들에게는 여러 면에서 적당하다. 일단 가격 면에서 부담스럽지 않고, 손으로 표현하기 힘든 머랭 만들기에 도전하기에도 매우 좋다. 왜냐하면 머랭처럼 거품을 많이 올려야 하는 경우 반복해서 빠르게 한쪽 방향으로 거품기로 거품을 내주어야 하는데, 손으로 할 경우에는 매우 힘들기 때문이다. 또한 많은 양의 반죽을 하지 않을 경우에는 굳이 큰 믹서기가 필요하지 않으며, 핸드 믹서기로도 충분히 크림 상태를 만들 수 있다.

각종 재료 소개

베이킹파우더

소금

베이킹소다

소금

너무 굵은 소금은 쓰지 않는 것이 좋으며, 사용 시 소량을 사용하면 단맛이 높아진다. 그러나 자연 재료마다 그 재료 고유의 염도가 있으므로, 소금 맛이 자연스럽게 표현되는 재료를 쓸 때에는 굳이 소금을 사용하지 않아도 된다.

팽창제(베이킹소다, 베이킹파우더)

베이킹소다를 발효시켜 만든 것이 베이킹파우더라고 보면 된다. 쓴맛이 강한 베이킹소다가 베이킹파우더보다 3배 이상 힘이 좋으며, 베이킹소다는 부피감에, 베이킹파우더는 퍼지는 효과에 영향을 준다. 쿠키는 무게감 있는 재료를 많이 사용하기 때문에 베이킹파우더보다는 힘이 좋은 베이킹소다를 주로 사용한다. 반면에 케이크류에는 부피감이 중요하므로 부드러운 베이킹파우더가 적합하다.

밀
유기농밀, 일반밀은 단백질(글루텐) 함량에 따라 박력분, 중력분, 강력분 3가지로 나뉜다. 쿠키나 케이크류에는 단백질 함량이 적은 박력분을, 만두나 국수류에는 중력분을, 빵류에는 단백질 함량이 많은 강력분을 사용한다. 단백질 함량이 많을수록 자극에 민감한 글루텐이 형성되는데, 글루텐은 껌의 성질을 갖고 있어 쫀득함을 살려주기 때문에 빵류를 만들 때 적합하다.

전분
베이킹을 할 때는 주로 감자, 옥수수전분을 사용한다. 단백질이 들어 있지 않은 전분은 농도를 맞추는 역할을 한다.

오트밀
귀리라고도 하며 밀을 압축시켜 부드럽게 사용할 수 있도록 가공되어 있는 것으로, 쿠키에 사용하면 식이섬유가 풍부하여 고소하고 소화가 잘 된다.

호밀
밀과는 다르게 단백질을 형성하지 않아 빵을 만들 때는 부풀지 않고 점성이 적어 푸석거리는 느낌이 들 수 있다. 쿠키에 사용하기 좋은 재료로 색이 진하고 고소하면서 씹히는 맛이 일품이다.

생강가루
파우더 형으로 나온 것도 많으며, 갈아
서 즙을 사용하면 더욱 풍미 있는 쿠키
를 얻을 수 있다.

계피가루
계피파우더를 사용하면 되고 계피대를
갈아 쓰면 더 풍부한 향을 얻을 수 있다.

넛맥가루
육두구과 나무열매 씨앗이다. 곱게 갈아 쓰
면 소량으로도 멋진 풍미를 얻을 수 있다.

버터

버터

올리브오일

타르타르크림

유지류

100% 우유버터를 사용하는 것을 원칙으로 한다. 우유버터는 수분 함량이 높고 쿠키를 부드럽게 하는 장점이 있다. 반면 일반 버터 중에 100% 우유버터가 아닌 콤파운드 가공버터가 있는데, 팜유(쇼트닝) 성분이 섞인 것으로 바삭함을 줄 수 있는 효과가 있다. 버터는 제품 용도에 따라 선택하면 되는데, 이 책에는 건강을 생각하는 레시피를 실었기 때문에 100%

우유버터만 사용하였다. 이외에도 건강에 관심이 높아지면서 두유, 카놀라유, 포도씨유, 올리브오일 등을 버터 대신 사용하기도 한다. 대부분 쿠키 반죽은 부드러운 상태의 버터를 사용하며, 크러스트나 스콘 등 켜가 생기길 원하는 반죽을 할 때는 굳은 버터를 사용하기도 한다.

올리브 오일

올리브열매에서 추출되는 오일로 발열점이 낮아 튀김에는 적합하지 않다. 단시간 조리에만 사용한다.

타르타르 크림

와인을 만드는 과정에서 생기는 흰가루 물질로 부풀리고 형태를 안정시킬 때 사용된다. 전분으로 대체해도 된다.

카카오파우더

카카오파우더는 초콜릿을 만드는 원료
이다. 카카오파우더는 함량 100% 카카오
를 파우더로 만든 것으로, 구입 시 카카오
100%인지 확인하고 사용해야 한다. 카카
오 100%가 아닌 것은 당분이 섞여 있기
때문에 적합하지 않다.

딸기가루

녹차가루

복분자가루

크뤼에르카카오

천연파우더

블루베리, 크랜베리, 체리, 녹차, 호박 가루, 적고구마 가루 등
다양한 자연식품을 건조시켜 파우더로 만든 제품이다. 활용도
가 다양하기 때문에 반죽에 넣기도 하고 생크림 컬러나 아이싱
반죽에 색을 내기에도 적합하다. 식용색소도 있으나 건강을 위
해 천연재료를 쓸 것을 권장한다.

일반 흰설탕

유기농설탕

슈거파우더,
데코슈거파우더

유기농 비정제설탕

설탕

유기농설탕은 정제설탕과 비정제설탕으로 나뉘고, 일반 설탕은 백설탕, 황설탕, 흑설탕으로 나뉜다. 유기농설탕의 경우 제조사에 따라 색깔과 입자의 차이는 있으며, 유기농 비정제설탕은 사탕수수에서 1차 가공을 거쳐 풍미가 좋고 미네랄과 섬유질이 보존되어 영양이 풍부하다.

또한 같은 양의 백설탕과 비교할 때 당도도 높지 않다. 즉, 가공을 거치면서 설탕의 당도도 높아지고 영양가도 없어진다고 보면 된다.

슈거파우더, 데코슈거파우더

슈거파우더는 설탕을 파우더 형식으로 곱게 간 것으로 시중에는 전분이 들어있는 제품과 들어있지 않은 제품 2가지가 있다. 어떤 것을 선택해도 레시피에 큰 영향을 주지는 않는다. 데코 슈거파우더는 입자가 오래 갈 수 있는 상태로 만든 제품으로 쿠키나 케이크류 위에 장식할 때 사용한다.

과류

시중에는 베이킹하기 좋게 건조시킨 과류들이 많다. 크랜베리, 건포도, 파인애플, 망고, 무화과, 살구 등 많은 반건조 상태의 건과류가 있으며, 때에 따라 럼에 재워 사용하기도 한다.

건바나나

건살구

코코넛체

건크렌베리

파파야

커런츠(건포도류)

건망고

건파인애플

Magot's Sweet Tip
과류를 럼에 재워보자

용량을 재서 재우는 방법도 좋으나 가지고 있는 양을 쉽게 재울 수 있다. 일자형 유리병에 건과일을 담고 생수를 과일 윗부분이 1cm 정도 잠기지 않게 붓는다. 그 다음 럼을 과일이 잠기도록 부으면 은은하고 맛을 살려주는 럼에 재운 과류를 쉽게 얻을 수 있다.

바닐라슈거
밀폐용기에서 바닐라빈을 설탕에 박아 향이 배어나도록 한 다음 그 설탕을 사용한다. 은은한 풍미가 좋아 쿠키류에 적합하다.

바닐라페이스트
바닐라빈 씨를 모아 젤 상태로 향을 압축시킨 향신료이다.

바닐라빈
고가의 향신료로 여러 형태로 가공되어 사용되고 있다.

바닐라익스트랙, 바닐라에센스
알코올 성분에 바닐라빈을 재워 향을 우러나오게 한 것으로, 휘발성이 있어 단시간 내에 구워내는 쿠키나 파이류에 적합하다.

바닐라오일
오일에 바닐라빈을 재워 향을 우러나오게 한 것으로, 오일향은 금방 날아가지 않기 때문에 오래 굽는 케이크류에 적합하다.

호박씨

피칸

땅콩

아몬드가루

호두

아몬드슬라이스

피스타치오

넛류
호두, 피칸, 마카다미아, 피스타
치오, 캐슈넛, 헤이즐넛, 아몬드
등은 쿠키와는 뗄 수 없는 궁합
이 잘 맞는 재료이며, 고소하고
풍부한 맛을 내는 중요한 역할
을 한다. 넛류는 한 번 더 공정
과정을 거치면 깨끗하고 고소
한 넛를 만날 수 있다.

치즈

달걀

치즈

치즈

크림치즈는 부드러우면서 상큼하고 고소한 맛이 강하다. 따라서 바삭한 쿠키보다는 진한 맛을 필요로 하는 쿠키에 적합하다. 파마산치즈는 가루형과 덩어리형이 있는데, 덩어리를 갈아 쓰는 것이 풍미에 더 좋다. 황치즈는 인공 치즈향이 가미된 것으로 색 표현이 가능해서 다른 재료와 섞어 사용하면 좋다. 그 외에 에멘탈치즈나 체다치즈 등 다양하게 사용할 수 있다.

달걀

보통 베이킹에 쓰는 달걀은 왕란과 일반란, 유정란, 무항생제 달걀 등이 있으며, 이 책의 레시피에는 무항생제 달걀을 사용하였다. 달걀은 반드시 물에 씻어 사용하고, 그릇을 따로 준비해서 달걀을 그릇에 깬 다음 반죽에 넣는 것이 좋다. 모든 조리에는 차가운 달걀보다 실온 달걀이 좋으므로 베이킹을 하기 전에 실온에 두고 사용하도록 한다.

아이싱 컬러 설탕
설탕에 컬러를 입혀 시각적인 장식을 강조할 때 사용한다.

초콜릿
다크, 밀크, 화이트로 크게 나뉘며 카카오 함량에 따라 다크와 밀크로 구분된다. 보통 함량이 50% 이상이면 다크로 분류된다. 화이트초콜릿은 카카오콩에서 지방분을 뺀 카카오버터로 만들어지며 풍미가 좋다.

물엿

메이플시럽

꿀

시럽
올리고당, 물엿, 메이플시럽, 꿀,
당밀 등 많은 액체 상태의 시럽
류가 있다. 고유의 향들을 찾아
쿠키에 활용하면 고급스러움과
질감을 내는 데 도움이 된다.

Magot's Sweet Tip
올리고당은 물엿으로 대체 가
능하다.

우유크림

우유크림은 일반 우유크림과 휘핑크림, 생크림이 있다. 휘핑크림에는 당분이 들어 있고, 생크림에는 당분이 들어 있지 않다. 크림에도 식물성 크림(가공됨)과 동물성 크림(우유로 만든 제품)이 있으며, 레시피에는 우유로 만든 동물성 크림을 사용한다.

리퀴드

레몬즙, 라임즙, 럼, 깔루아, 브랜디 등 쿠키의 잡내를 잡아주고 풍미를 더해주는 데 좋다.

Basic 05

제스트(필) 만들기

레몬, 오렌지, 라임 등 과일의 겉표면 껍질 부분을 얇게 저며 사용하는 것을 제스트 또는 필이라 한다. 겉껍질에는 과일 특유의 향이 있기 때문에 레몬 제스터로 겉껍질만 깎아 내거나 필러로 껍질을 얇게 깎아 채썰거나 다져서 보관한다. 그리고 껍질 속 흰 부분은 쓴맛을 내기 때문에 제거한다. 제스트(필)를 쿠키 반죽에 넣으면 잡냄새를 잡아줄 뿐만 아니라 은은하면서도 고급스러운 맛을 내준다. 미리 준비하여 냉동보관했다가 사용하면 신선한 향을 얻을 수 있다. 때로는 장기 보관을 위해 설탕에 절여 쓰기도 한다.

오렌지 제스트
오렌지나 레몬 껍질을 깨끗이 씻어 물기를 없앤 후 필러로 얇게 겉껍질만 깍아내어 사용한다.

레몬 제스트

Basic 06

머랭 만들기

머랭이란 달걀흰자와 설탕을 믹서기에 힘차게 돌려 만든 단단한 하얀 거품을 말한다. 머랭이 만들어지면 여러 가지 형태로 표현될 수 있다. 머랭은 크게 일반 머랭과 이탈리안 머랭으로 나눌 수 있다.

일반 머랭

Ready

달걀흰자 2개, 설탕 100g

Recipe

1 차갑지 않은 달걀흰자에 설탕을 넣는다.

2 핸드믹서기(고속)로 볼을 약간 기울인 채 거품을 내기 시작한다.

3 거품이 날 때 중탕으로 거품을 올리면 더 단단하고 빠르게 올릴 수 있다.

4 고운 입자의 거품이 단단히 만들어져 윤기가 나면 완성이다.

이탈리안 머랭

Ready

달걀흰자 4개, 설탕 160g, 물 25g

Recipe

1 차갑지 않은 달걀흰자에 설탕을 넣는다.

2 핸드믹서기(고속)로 볼을 약간 기울인 채 거품을 내기 시작한다.

3 설탕과 물을 끓여 시럽을 만든 다음 2에 흘려가며 머랭을 만든다. 단단하고 윤기 나는 머랭을 원한다면 좋은 방법이다.

4 고운 입자의 거품이 단단히 만들어져 윤기가 나면 완성이다.

보통 머랭을 만들 때 달걀흰자를 50~60% 올리고 설탕을 나누어 넣는다는 표현을 많이 한다. 그러나 초보자일 경우 어느 정도가 50%인지 알기가 쉽지 않다. 따라서 처음 거품을 낼 때 달걀흰자의 액체 상태가 보이지 않게 되면 설탕을 나누어 넣고 거품을 내서 뽀얗고 고운 거품이 올라오면 된다. 설탕을 어느 시점에 넣느냐에 따라 머랭 상태가 달라질 수 있다. 그러나 처음부터 달걀흰자와 설탕을 넣는다고 해서 머랭이 안 만들어지는 것은 아니다. 거품을 올리는 시간이 좀 더 걸리기는 하지만 머랭을 항상 일정하게 만들 수 있다는 장점도 있다.

Magot's Sweet Tip
머랭이 올라오지 않는다면?

①그릇에 물기나 기름기가 없는지 확인한다. ②달걀노른자가 섞였는지 확인한다. ③달걀이 너무 차갑지 않은지 확인한다. ④머랭을 올린 후 바로 사용하지 않을 경우 거품이 깨질 수 있다. 이때는 다시 거품을 올리면 된다.

Basic 07

+◆+ ———— +◆+

넛류 사용법

넛류는 쿠키와 떼려야 뗄 수 없는 궁합이 잘 맞는 재료이며, 고소하고 풍부한 맛을 내주는 중요한 역할을 한다. 넛류를 구매하고 한 번 더 공정 과정을 거치면 깨끗하고 맛있는 넛을 만날 수 있다.

먼저 넛을 체에 밭치고 물에 담갔다가 올리는 과정을 2~3번 반복한다. 그 다음 물기를 완전히 말린 후에 오븐팬에 너무 두껍지 않도록 일정하게 깔고 170℃로 예열된 오븐에 10분 미만으로 굽는다. 수분이 날아가면 부드럽고 고소한 넛을 얻을 수 있다. 단, 너무 오래 구우면 산화되어 쩐내가 날 수 있으므로 갈색이 되도록 굽는 것은 좋지 않다.

먼저 알아두세요!

43

쿠키 반죽(도우) 만들기

설탕 선택 요령

쿠키는 크게 퍼지는 쿠키와 형태를 그대로 남기는 쿠키로 나뉜다.

자유롭게 퍼지는 형태의 쿠키
일반 설탕입자를 선택한다.

퍼짐이 없는 쿠키
설탕을 곱게 갈아 쓴다(재료를 섞는 과정에서 설탕이 녹기도 하지만 입자 크기만큼 반죽 속의 공간을 만들기 때문에 흘러내 릴 확률이 높다.).

버터＋설탕

부드러운 반죽을 얻을 수 있다.

Recipe

1 버터에 설탕을 넣는다.

2 손거품기로 부드럽게 크림 상태를 만든다.

3 건재료를 굵은 체로 친다.

4 크림화된 버터에 건재료를 섞는다.

5 몽글몽글 뭉쳐지기 시작하면 손으로 반죽을 한다.

6 손으로 반죽의 가스를 빼내면서 한 덩어리로 만든다.

7 부드러운 반죽이 완성되면 30분 정도 휴지시킨다.

먼저 읽어두세요!

버터＋설탕＋달걀

부드러우면서 바삭하고 단단한 반죽을 얻을 수 있다.

Recipe

1 부드러운 버터에 설탕을 넣고 서로 섞는다.

2 부드럽게 섞이면 달걀을 한 개씩 넣으며 젓는다.

3 크림화된 버터에 바닐라에센스를 넣는다.

4 건재료를 넣고 가볍게 섞는다.

5 하나의 덩어리로 만들어 완성하여 휴지시킨다.

버터＋설탕＋달걀＋시럽(올리고당, 메이플시럽, 물엿 등)

진한맛과 단단하면서 쫀득한 반죽을 얻을 수 있다.

Recipe

1 부드러운 버터에 설탕을 넣는다.

2 힘껏 저어 크림 상태가 되면 꿀을 넣는다.

3 꿀이 분리되지 않도록 완전한 크림 상태로 만든다.

4 건재료를 체친다.

5 버터크림에 건재료를 넣고 가볍게 섞는다.

6 한 덩어리로 완성하고 휴지시킨다.

크러스트 만들기

Recipe

1 건재료(박력분+베이킹파우더)는 체쳐 놓는다.

2 '버터+설탕+소금'을 손으로 잘 비벼서 부슬부슬하게 섞고, 마지막에 반
죽을 손으로 뭉쳐 봤을 때 뭉쳐지면 완성된 것이다(레몬 제스트나 우유와
같은 재료를 추가할 때는 이 과정에서 넣는다.).

3 오븐팬에 일정한 두께로 펴서 눌러 단단하게 만든 후 180℃에서 10분간 1
차 초벌구이한다.

크럼블 만들기

Recipe

1 체친 '박력분+버터+소금+설탕'을 넣고 크러스트 커터기로 잘라 보슬보
슬하게 만든다.

2 오븐팬에 보슬보슬하게 깔고 1차 초벌구이를 한다.

다양한 형태의 쿠키

드롭 쿠키(Drop Cookies)

부드러운 반죽으로 아이스크림 스쿱이나 스푼으로 떠서 자유로운 형태로 굽는 쿠키를
말한다. 우리나라에서는 아메리칸 스타일 쿠키라고도 한다.

롤 쿠키(Rolled Cookies)

반죽을 밀대로 밀어 여러 가지 내용물을 넣고 롤로 말아 냉동해서 잘라 굽는다. 또는 여
러 가지 재료를 반죽에 넣고 사각이나 원통형으로 굴려 냉동해서 자른다. 아이스박스 쿠
키라고도 한다.

짤주머니를 이용한 쿠키(Piped Cookies)
부드러운 반죽을 여러 가지 임의의 형태로 만들어 굽는 쿠키를 말한다.

모양 쿠키(Pressed Cookies)
쿠키 커터기 또는 스크래퍼로 잘라 굽는 쿠키를 말한다.

바 쿠키(Bar Cookies)

팬에 넓게 펴서 굽고 편안하게 바 형태로 잘라 풍부함을 느낄 수 있는 쿠키를 말한다.

아이싱 쿠키(Icing Cookies/ Decoration Cookies)

예쁜 표현을 하기 좋은 쿠키로 기념일 등 메시지를 전달하고 싶을 때 많이 활용되는 쿠키를 말한다.

Magot's Sweet Tip
아이싱 데코 반죽 만들기

재료
달걀흰자 1개, 슈거파우더 240g, 물 약간

만들기
1 흰자를 거품을 내고 슈거파우더를 넣어 완전한 흰색이 되도록 거품기로 완성한다.
2 원하는 농도는 물로 조절한다.
3 이때 천연파우더를 활용해 원하는 색을 만들어 활용하면 된다.

Part 2

크리스피&크런키 쿠키

얇고 바삭거리며 씹는 맛이 일품인 쿠키

Crisp&Crunchy
Cookies

Coconut Crispy

코코넛 크리스피

코코넛의 고소함과 바삭함이 매력적인 쿠키

크기
지름 6~7cm

분량
25~30개

예열 온도
180℃

굽는 시간
9분

Ready

준비물

오븐팬, 밀대, 굵은 체, 저울. 나무주걱,
중간냄비, 중간 볼

재료

유기농박력분 ······ 130g

코코넛체 ······ 200g

올리고당 ······ 120g

바닐라에센스 ······ 5g

유기농설탕 ······ 120g

우유버터 ······ 100g

Recipe

1 건재료(박력분)는 굵은 체로 체치고 코코넛체를 섞어 놓는다.

2 냄비를 준비하고 '올리고당+설탕'을 넣는다.

3 중불로 바글바글 끓인다.

4 불을 끄고 2에 버터를 넣어 잔열로 녹인다.

5 마지막으로 바닐라에센스를 넣는다.

6 1에 5를 모두 붓고 나무주걱으로 힘차게 고루 섞는다.

7 반죽 상태는 되직한 상태가 되면 완성이다.

8 냉장보관 후 단단해지면 밤알 크기로 자른 후 오븐팬에 지름 3cm 정도
로 눌러 펴서 10분 정도 갈색이 나도록 굽는다. 구울 때 반죽이 많이 퍼
지므로 반죽과 반죽 사이의 공간을 여유 있게 잡는다(3cm 정도 반죽이면
7~8cm 정도 퍼진다.).

9 다 구워지면 굳기 전에 밀대에 올려 반원으로 굳혀 볼륨감을 준다.

크리스피 & 크런치 쿠키

Sasame Crispy

세사미 크리스피

고소한 깨가 가득 뿌려져 고급스러운 고소함의 대명사

Ready

준비물
오븐팬, 굵은 체, 저울, 고무주걱, 중간 볼, 핸드믹서기

재료
유기농박력분 ······ 180g
베이킹소다 ······ 2g
유기농설탕 ······ 120g
우유버터 ······ 105g
바닐라에센스 ······ 3g
달걀(큰 것) ······ 1개
흑임자 ······ 50g

Recipe

1 건재료(박력분+베이킹소다)는 체쳐 놓는다.

2 '부드러운 버터+설탕+달걀'을 모두 넣고 핸드믹서기로 힘차게 섞어서 크림 상태로 만든다.

3 마지막에 바닐라에센스를 넣고 완전히 섞으면 체친 밀가루를 넣고 가볍게 섞은 다음 30분간 실온에서 휴지시킨다.

4 오븐팬에 반죽을 한 스푼씩 떠서 지름 7cm가 되도록 얇게 펴고 그 위에 흑임자를 뿌려 오븐에 구워낸다.

5 오븐에서 갈색이 나도록 다 구워지면 평을 잡아 식힌다.

크리스피 & 크런치 쿠키

57

Cigarettes Cookies

크기
지름 5~6cm
분량
25~30개
예열 온도
175℃
굽는 시간
9~11분

시가렛 쿠키

얇고 바삭함이 매력적이어서 손이 계속 가는 달지 않은 쿠키

Ready

준비물

오븐팬, 굵은 체, 저울, 중간 볼, 고무주걱, 핸드믹서기, 스푼, 식힘망, 원형 막대기(지름 1cm)

재료

유기농박력분 …… 140g
달걀흰자 …… 4개
유기농설탕 …… 200g
우유버터 …… 75g
생크림 …… 50g

Recipe

1 건재료(박력분)는 체쳐 놓는다.

2 '달걀흰자+설탕'을 넣고 50%의 머랭을 만든다(머랭 만드는 법(p.41) 참고).

3 '우유버터+생크림'을 넣고 크림화가 되면 만들어 놓은 머랭을 넣어 완전히 섞고, 마지막으로 박력분을 넣어 가볍게 고루 섞는다.

4 반죽을 한 스푼씩 지름 7cm 정도로 얇게 펴서 갈색이 나도록 굽는다.

5 다 구워지면 빠르게 움직여 얇은 봉으로 부드러운 쿠키를 돌돌 말아서 굳힌다.

*
Magot's Sweet Tip

구워진 쿠키는 빨리 굳으므로 오븐에서 오븐팬을 빼기보다 쿠키를 오븐에서 하나씩 꺼내며 작업하면 끝까지 잘 만들 수 있다.

크리스피 & 크런키 쿠키

Tuile Almonds

튀일 아몬드

아몬드를 가득 넣어 영양이 풍부하고 고소한 맛이 일품인 쿠키

크기
지름 6~7cm

분량
25~30개

예열 온도
180℃

굽는 시간
10분

Ready

준비물

오븐팬, 밀대, 굵은 체, 저울, 중간 볼, 고무주걱, 스푼, 식힘망

재료

유기농박력분 …… 80g
아몬드슬라이스 …… 100g
유기농 슈거파우더 …… 80g(설탕을 그라인더로 갈아서 쓴다.)
우유버터(중탕으로 녹여 놓는다.) …… 120g
바닐라에센스 …… 5g
달걀흰자 …… 2개
달걀 …… 2개

Recipe

1 건재료(박력분)는 체친 후 아몬드슬라이스를 섞어 놓는다.

2 섞어놓은 건재료에 '달걀흰자+달걀+슈거파우더'를 넣는다.

3 1과 2를 잘 섞어준다.

4 완전히 섞이면 중탕으로 녹인 버터를 마지막에 넣어 모든 재료가 흡수가 잘 되도록 충분히 섞는다.

5 바닐라에센스를 넣고 반죽을 마무리하고 냉장실에서 2시간 동안 휴지시킨다.

6 오븐팬에 밤알 크기로 분할하여 올리고 아몬드가 가능한 겹치지 않도록 얇게 펴 발라 완전한 갈색이 날 때까지 굽는다.

❋ Magot's Sweet Tip

• 와인병 같은 둥근 원통형 병에 올려 누르며 굳히면 휘어지면서 굳어서 부피감 있는 쿠키를 얻을 수 있다.
• 구울 때 아몬드가 전체적으로 겹이 일정해야 갈색이 고루 날 수 있다. 높낮이가 다르면 고소한 식감을 얻기가 어렵다.

크리스피 & 크런치 쿠키

Cacao Cinnamon
Tuile

카카오 시나몬 튀일

입안에 가득 퍼지는 계피향과 바삭한 느낌이 기분 좋게 해주는 쿠키

크기	지름 5~6cm
분량	25~30개
예열 온도	175℃
굽는 시간	10분

Ready

준비물

오븐팬, 저울, 밀대, 굵은 체, 중간 볼, 손거품기, 핸드믹서기, 스푼, 식힘망

재료

유기농박력분 …… 28g
카카오파우더 …… 14g
시나몬파우더 …… 2g
달걀흰자 …… 1개
유기농설탕 …… 55g
우유버터(중탕으로 녹여 놓는다.) …… 42g

Recipe

1 건재료(박력분+시나몬파우더)는 체쳐 놓는다. 카카오파우더도 체쳐서 따로 준비한다.

2 달걀흰자와 설탕을 중간 볼에 넣고 핸드믹서기로 힘차게 섞은 후 중탕버터를 조금씩 부어 완전히 섞는다.

3 완전히 섞인 2에 체친 가루(박력분+시나몬파우더)를 솔솔 붓고 핸드믹서기로 가볍게 섞는다.

4 반죽의 1/3 정도 양을 따로 나누어 놓고, 2/3의 반죽에 체친 카카오파우더를 넣어 가볍게 섞어 카카오 반죽을 완성한다.

5 20분 정도 실온에서 휴지시킨 다음 카카오반죽을 오븐팬에 스푼으로 한 스푼 떠서 얇게 편 후 그 위에 1/3 남겨둔 바닐라 반죽을 조금 올려 그라데이션 모양으로 자연스럽게 섞이도록 펴준다(이렇게 하면 바닐라와 초콜릿 반죽의 투톤이 자연스럽게 섞이게 된다.).

6 예열된 오븐에 굽고 뜨거울 때 성형(모양 만들기)을 한다.

❋ Magot's Sweet Tip

• 구워진 반죽을 뜨거울 때 밀대 위에 올리면 U자형이 된다.

• 빨리 굳는 성질이 있으니 오븐에서 한 장씩 꺼내어 성형하는 것이 효과적이다.

크리스피 & 크런치 쿠키

Brandy Snaps

브랜디 스냅

브랜디 고유의 향과 초콜릿의 오묘한 조화

크기
지름 5~6cm

분량
30~35개

예열 온도
175℃

굽는 시간
9~11분

Ready

준비물
오븐팬, 냄비, 저울, 굵은 체, 나무주걱,
중간 볼, 저울, 원통형 스틱(지름 1.5cm)

재료
유기농박력분 …… 70g
생강 …… 5g
우유버터 …… 80g
유기농설탕 …… 80g
올리고당 …… 60g
브랜디 …… 5g
초콜릿(중탕으로 녹여 놓는다.) ……
　100g

Recipe

1 건재료(박력분+생강)는 체쳐 놓는다.

2 냄비에 '올리고당+설탕'을 넣어 끓인다.

3 버터를 넣은 뒤 바로 불을 끈다.

4 버터가 다 녹으면 브랜디와 1을 넣고 잘 섞어준다.

5 식으면 냉장고에 넣고 완전히 굳으면 15g씩 분할하여 오븐팬에 눌러 놓고 굽는다. 구우면 넓게 퍼지기 때문에 반죽을 올릴 때 간격을 두고, 다 구워지면 식기 전에 성형한다. 성형은 얇은 원통형 스틱에 돌돌 말아서 굳힌다.

6 완전히 굳으면 쿠키 끝을 초콜릿에 담가 굳히면 완성된다.

크리스피 & 크런치 쿠키

Pistachio Tuile

크기
지름 5~6cm

분량
20~25개

예열 온도
175℃

굽는 시간
9~11분

피스타치오 튀일

고급스러운 피스타치오의 맛을 마음껏 느낄 수 있는 쿠키

Ready

준비물

오븐팬, 저울, 굵은 체, 중간 볼, 핸드믹서기, 고무주걱, 스푼, 식힘망

재료

유기농박력분 ······ 80g

유기농 슈거파우더(설탕을 글라인더에 갈아 쓴다.) ······ 80g

우유버터(중탕으로 녹여 놓는다.) ······ 90g

바닐라에센스 ······ 2g

달걀흰자 ······ 3개

피스타치오(다진 것) ······ 50g

Recipe

1 건재료(박력분)는 체쳐 놓는다.

2 '달걀흰자+슈거파우더'를 중간 볼에 넣고 거품기로 부드러운 머랭을 만들고, 마지막에 바닐라에센스를 넣어 잘 섞어준다.

3 1과 2를 핸드믹서기(저속)로 가볍게 잘 섞은 후 중탕으로 녹인 버터를 마지막에 넣어 모든 재료가 흡수가 잘되도록 충분히 섞는다(실온에서 30분 동안 휴지시킨다.).

4 오븐팬에 반죽을 한 스푼씩 올려 얇게 펴고 그 위에 다진 피스타치오를 뿌려준 후 살짝 갈색이 나기 시작하면 오븐에서 꺼낸다.

5 구워진 반죽이 뜨거울 때 성형을 한다.

Magot's Sweet Tip

너무 오래 구우면 피스타치오 색감이 예쁘지 않으므로 주의한다.

크리스피 & 크런치 쿠키

Ginger Crispy

진저 크리스피

생강향과 카카오의 진한 맛이 잘 어울리는 쿠키

크기
지름 5~6cm

분량
20~25개

예열 온도
180℃

굽는 시간
9분

Ready

준비물

오븐팬, 저울, 굵은 체, 중간 볼, 손거품기, 고무주걱, 식힘망

재료

유기농박력분 …… 140g

카카오파우더 …… 80g

생강가루 …… 28g

우유버터 …… 110g

유기농설탕 …… 100g

콘시럽 …… 60g

소금 …… 조금

달걀 …… 1개

슈거파우더 …… 조금(쿠키 윗면에 뿌릴 양)

Recipe

1 건재료(박력분+카카오파우더+생강)는 체쳐 놓는다.

2 '버터+설탕+콘시럽+소금'을 중간 볼에 넣고 거품기로 완전히 섞은 후 달걀을 넣고 크림 상태를 만든다.

3 1과 2를 고무주걱으로 모든 재료가 흡수가 잘되도록 충분히 섞는다.

4 한 덩어리가 되도록 가스를 빼서 만들고 냉장실에서 30분간 휴지시킨다.

5 오븐팬에 동그랗게 밤알 크기로 반죽을 간격을 두고 놓은 후 손바닥으로 눌러 납작한 원형을 만든 후 마무리로 좀 더 얇게 편 후에 예열된 오븐에 구워낸다.

6 쿠키가 식으면 슈거파우더를 쿠키 위에 뿌려 완성한다.

크리스피 & 크런치 쿠키

Fortune Cookies

크기
지름 5~6cm

분량
20~25개

예열 온도
175℃

굽는 시간
10분

포춘 쿠키

얇고 바삭한 쿠키의 질감에 기분 좋은 행운이 담겨 있는 쿠키

Ready

준비물

오븐팬, 저울, 굵은 체, 중간 볼, 핸드믹서기, 고무주걱, 스푼

재료

유기농박력분 …… 50g

카카오파우더 …… 20g

달걀흰자 …… 2개

우유버터 …… 40g

생크림 …… 30g

유기농설탕 …… 105g

화이트초콜릿(중탕으로 녹인 것) ……
　조금(쿠키 윗면에 뿌릴 양)

Recipe

1 건재료(박력분+카카오파우더)는 체쳐 놓는다.

2 '부드러운 버터+설탕+달걀흰자+생크림'을 넣고 핸드믹서기로 저어 크림화시킨다.

3 2에 1을 넣고 핸드믹서기를 저속으로 돌려 반죽을 완성한다.

4 오븐팬에 지름 5~6cm가 되도록 펴서 굽는다.

5 뜨거울 때 포춘 모양으로 성형한다.

6 녹인 화이트초콜릿에 포춘 쿠키의 반을 담갔다가 빼내어 굳혀 완성한다.

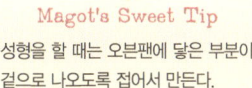

✳ Magot's Sweet Tip

성형을 할 때는 오븐팬에 닿은 부분이 겉으로 나오도록 접어서 만든다.

크런치 & 크럼키 쿠키

71

Earl Grey Cookies

얼그레이 쿠키

영국의 홍차향과 레몬의 절묘한 향이 어우러져 고급스러운 맛을 살려주는 쿠키

크기
3×5cm
분량
15~20개
예열 온도
180℃
굽는 시간
12~14분

Ready

준비물

오븐팬, 저울, 굵은 체, 중간 볼, 손거품기, 고무주걱, 3×5cm 직사각틀, 식힘망

재료

유기농박력분 …… 150g

얼그레이 홍차잎(분쇄기에 입자를 너무 곱지 않게 간다.) …… 14g

우유 …… 10g

우유버터 …… 100g

유기농설탕 …… 70g

달걀 …… 25g

레몬 제스트 …… 1/4개

소금 …… 조금

Recipe

1 건재료(박력분)는 체쳐 놓는다.

2 얼그레이에 우유를 섞고 전자레인지에 30초 정도 돌려 버무린 후 20분 정도 불린다.

3 생레몬으로 레몬 제스트를 만들어놓는다.

4 '버터+설탕'을 중간 볼에 거품기로 잘 섞은 후 '달걀+소금+레몬 제스트'를 넣고 힘차게 저어 크림 상태로 만든 후 불린 얼그레이를 넣는다.

5 얼그레이가 분리되지 않도록 잘 섞는다.

6 5에 1을 넣고 가볍게 섞어준 후 냉장실에서 30분간 휴지시킨다.

7 꾸득꾸득하게 굳어진 반죽을 사각틀에 넣거나 손으로 사각형 모양으로 성형하고 냉동실에 넣어 완전히 굳힌다.

8 굳은 반죽 표면에 설탕을 굴리듯 묻히고 칼로 4mm 두께로 잘라 오븐팬에 놓고 노릇하게 굽는다.

Magot's Sweet Tip

레몬 제스트

레몬 껍질을 말하며 깨끗이 씻은 레몬의 노란 표면만 얇게 벗겨 사용하면 레몬의 강하고 상큼한 향을 얻을 수 있다. 치즈갈이 도구나 감자 깎기 칼로 얇게 벗겨 다져서 사용하면 된다.

크리스피 & 크런치 쿠키

Onion Cookies

크기
지름 4~5cm
분량
30~35개
예열 온도
175℃
굽는 시간
11분

어니언 쿠키
쌀의 고소함과 양파향이 너무도 잘 어울리는 건강 쿠키

Ready

준비물

오븐팬, 저울, 밀대, 굵은 체, 중간 볼, 손
거품기, 고무주걱, 원형 쿠키 커터기, 식
힘망

재료

쌀가루 …… 200g

유기농박력분 …… 70g

베이킹소다 …… 2g

물엿 …… 60g

유기농설탕 …… 100g

버터 …… 100g

달걀 …… 1개(큰 것/작을 경우 1½개)

소금 …… 조금

양파가루 …… 40g

양파가루 …… 조금(반죽 위에 뿌릴 양)

Recipe

1 건재료(박력분+쌀가루+양파가루+베이킹소다)는 체쳐 놓는다.

2 '버터+설탕+물엿'을 함께 중간 볼에 계량하고 거품기로 충분히 섞은 후
'달걀+소금'을 넣고 힘차게 크림 상태로 만든다.

3 크림화된 2에 1을 넣고 손이나 주걱으로 완전하게 섞어 한 덩어리로 만든
후 냉장실에서 30분간 휴지시킨다.

4 어느 정도 굳혀진 반죽을 밀대로 3mm 두께로 밀고 그 위에 양파가루를
뿌려준다. 쿠키 커터기로 모양을 찍어 오븐팬에 놓고 노릇하게 갈색이 나
도록 굽는다.

Magot's Sweet Tip

반죽을 너무 두껍게 밀면 바삭함이 덜
하고 텁텁할 수 있으니 두께는 3mm
이하로 하는 것이 좋다.

Chocolate Sugar Cone

크기
지름 6cm

분량
25~30개

예열 온도
175℃

굽는 시간
10분

초콜릿 슈거콘
깔때기 모양의 고소한 쿠키로 안에 크림을 넣어 먹어도 너무 멋스러운 쿠키

Ready

준비물
오븐팬, 저울, 굵은 체, 중간 볼, 핸드믹서기, 고무주걱, 스푼, 식힘망

재료
유기농박력분 …… 140g
달걀흰자 …… 4개
유기농설탕 …… 150g
우유버터(녹인 버터) …… 75g
생크림 …… 120g
다크초콜릿(중탕으로 녹여 놓는다.)
…… 100g

Recipe

1 건재료(박력분)는 체쳐 놓는다.

2 '달걀흰자+설탕'을 넣고 부드러운 50%의 머랭을 만든다(머랭 만드는 법 (p.41) 참고).

3 '녹인 버터+생크림'을 넣고 걸쭉한 농도가 되면 만들어둔 2를 섞고 마지막으로 박력분을 넣어 가볍게 고루 섞는다.

4 반죽을 한 스푼씩 지름 7cm 정도로 얇게 펴서 갈색이 나도록 굽는다.

5 구워지면 빠르게 움직여 얇은 봉으로 부드러운 쿠키를 깔때기 모양으로 말아서 굳힌다.

6 중탕한 다크초콜릿에 쿠키 윗부분을 살짝 담가 굳힌다.

✳ Magot's Sweet Tip
구워진 쿠키는 빨리 굳어지므로 오븐에서 쿠키판을 빼기보다 쿠키를 오븐에서 하나씩 꺼내며 작업하면 끝까지 잘 만들 수 있다.

크리스피 & 크런치 쿠키

Sesame Cookies

크기
2×5cm (직사각형)

분량
45~50개

예열 온도
180℃

굽는 시간
10분

세사미 쿠키

바삭하고 고소한 맛이 일품인 나만의 쿠키

Ready

준비물

오븐 팬, 저울, 밀대, 굵은 체, 중간 볼,
손거품기, 고무주걱, 스크래퍼, 식힘망

재료

유기농박력분 …… 90g

쌀가루 …… 90g

베이킹소다 …… 2g

우유버터 …… 105g

유기농설탕 …… 110g

달걀(큰 것) …… 1개

바닐라익스트랙 …… 3g

검정깨 …… 50g

Recipe

1 건재료(박력분+쌀가루+베이킹소다)는 체쳐 놓는다.

2 부드러운 '버터+설탕+달걀'을 넣고 크림 상태가 되면 마지막으로 바닐라
익스트랙을 넣어 크림 상태를 완성시킨다.

3 2에 1을 넣고 반죽을 완성하여 냉장실에서 30분간 휴지시킨다.

4 반죽에 검정깨를 넣고 완전히 섞이도록 반죽한다.

5 냉장 보관 후 굳기가 성형하기 좋은 상태가 되면 밀대로 5mm 두께로 밀
고 쿠키 커터기로 직사각형 모양으로 자른 후 중간을 한번 꼬아 오븐팬에
올려 갈색이 나도록 고소하게 구워낸다.

※모양은 어떤 형태이든 상관없으며, 원형 커터기를 사용하여 원형으로 구워도 좋다.

Corn Meal Cookies

콘밀 쿠키

콘의 고소함이 쿠키의 맛을 더해주는 쿠키

크기	지름 4~5cm
분량	25~30개
예열 온도	180℃
굽는 시간	11분

Ready

준비물

오븐팬, 저울, 아이스크림 스쿱, 굵은 체, 중간 볼, 손거품기, 고무주걱, 식힘망

재료

콘밀 …… 70g
유기농박력분 …… 100g
베이킹파우더 …… 3g
우유버터 …… 110g
유기농설탕 …… 100g
소금 …… 조금
달걀(큰 것) …… 1½개
바닐라익스트랙 …… 2g
건포도 …… 50g
옥수수가루 …… 조금(쿠키 윗면에 뿌릴 양)

Recipe

1 건재료(콘밀+박력분+베이킹파우더)는 체쳐 놓는다.

2 '버터+설탕+소금'을 중간 볼에 넣고 거품기로 저어 완전히 섞는다. 달걀은 두 번에 걸쳐 한 개를 넣어 완전히 섞고 또 하나를 넣어 분리되지 않도록 한 후에 마지막에 바닐라익스트랙을 넣어 마무리한다.

3 크림화된 2에 1을 넣고 주걱으로 가볍게 잘 섞는다. 다 섞은 후 마지막에 건포도를 넣어 마무리하고 실온에서 30분간 휴지시킨다.

4 쿠키가 퍼지는 현상이 있으므로 오븐팬에 아이스크림 스쿱으로 한 스쿱씩 떠준다.

5 스쿱으로 뜬 쿠키 위에 옥수수가루를 뿌린 후 갈색이 나도록 구워준다.

Coconut Stick

크기
2×6cm
분량
20~25개
예열 온도
170℃
굽는 시간
12~15분

코코넛 스틱

여러 말이 필요 없는 대표적인 고소한 쿠키

Ready

준비물

오븐팬, 저울, 굵은 체, 중간 볼, 손거품기, 고무주걱, 식힘망

재료

유기농박력분 …… 70g

아몬드분말 …… 50g

유기농설탕 …… 100g

소금 …… 조금

달걀흰자 …… 1개

달걀 …… 1개

우유버터(녹인 버터) …… 60g

코코넛체 …… 200g

슈거파우더 ……조금(쿠키 윗면에 뿌릴 양)

Recipe

1 건재료(박력분+아몬드분말)는 체쳐 놓는다.

2 '설탕+소금+달걀흰자+달걀'을 중간 볼에 넣고 잔거품이 윗면에 나도록 거품기로 저어 섞은 다음 녹인 버터를 넣는다.

3 잘 섞인 2에 1을 넣고 완전히 섞는다.

4 3에 코코넛체 100g을 넣고 주걱으로 가볍게 섞고 실온에서 10분간 휴지시킨다.

5 휴지시킨 반죽을 탁구공 크기로 분할하여 스틱 모양으로 길게 만든 후, 남은 코코너쳇 100g에 반죽을 굴려 오븐팬에 올린다.

6 그 위에 슈거파우더를 뿌려준 후 갈색이 나도록 굽는다.

크리스피 & 크런치 쿠키

Vegetables Cookies

크기
지름 6cm

분량
20~25개

예열 온도
175℃

굽는 시간
12~15분

베지터블 쿠키

다양한 채소와 오트밀을 넣은 건강 쿠키

Ready

준비물

오븐팬, 손거품기, 아이스크림 스쿱, 중간 볼, 저울, 굵은 체, 식힘망

재료

유기농박력분 …… 160g
베이킹파우더 …… 4g
베이킹소다 …… 2g
우유버터 …… 120g
유기농설탕 …… 110g
바닐라익스트랙 …… 10g
달걀 …… 1개
초코칩 …… 50g
유기농오트밀 …… 100g
당근(채썬 것) …… 80g
양파(채썰어 오븐에 구운 것) …… 50g

Recipe

1 건재료(박력분+베이킹소다+베이킹파우더)는 체쳐 놓는다.

2 '버터+설탕'을 거품기로 잘 섞고, 달걀이 분리되지 않도록 크림 상태를 만든 후 마지막에 바닐라익스트랙을 넣어 잘 섞는다.

3 크림 상태의 2에 1과 '초코칩+오트밀+당근+양파'를 섞어 부드럽게 반죽한다.

4 아이스크림 스쿱으로 한 스쿱씩 떠서 오븐팬에 놓고 손으로 지름 5cm가 되도록 펴준 후 오븐에 노릇하게 굽는다.

✳ Magot's Sweet Tip

야채(당근, 양파)는 얇게 채썰어 소금을 뿌려 재우고 꼭 짜서 수분을 빼놓는다. 오븐에 펴놓고 170℃에서 5분간 구워주면 수분이 날아간다. 이런 방법으로 브로콜리나 파프리카를 사용해도 좋다.

Delicate&Sandy
Cookies

Part 3
델리케이트＆샌드 쿠키
부드럽고 입안을 행복하게 만들어주는 쿠키

Kahlua Meringue

깔루아 머랭

겉은 바삭하고 속은 쫀득해서 매력적인 에스프레소와 잘 어울리는 쿠키

크기
지름 3cm
분량
45~50개
예열 온도
170℃
굽는 시간
15분＊오븐에서 건조 5분

Ready

준비물

오븐팬, 테프론지, 핸드믹서기, 짤주머니, 별깍지, 고무주걱, 깊은 중간 볼, 저울, 식힘망

재료

달걀흰자 …… 4개
유기농설탕 …… 190g
깔루아 …… 15g
슈거파우더 …… 조금(쿠키 윗면에 뿌릴 양)
피칸 …… 조금(머랭 위에 올릴 양)

Recipe

1 깊은 중간 볼에 달걀흰자와 설탕을 넣는다.

2 거품이 충분히 날 때까지 핸드믹서기(고속)로 거품을 올린다.

3 거품이 충분히 오르면 핸드믹서기를 중속으로 내리고, 큰 거품은 터뜨려 주고 잔거품이 고루 남도록 90%의 머랭을 만든다(머랭 만드는 법(p.41) 참조).

4 머랭이 거의 완성되면 마지막에 깔루아를 넣어준다.

5 별깍지를 끼운 짤주머니에 머랭을 담고 테프론지를 깐 오븐팬에 지름 3cm가 되도록 짠다.

6 그 위에 피칸을 반개씩 올려준다.

7 피칸을 올린 머랭 위에 마지막으로 슈거파우더를 뿌려준 후 굽는다.

Magot's Sweet Tip

• 굽는 시간을 지키고 시간이 다 된 후에는 바로 꺼내지 말고 5분 정도 표면을 말려주면 겉은 바삭하고 속은 쫀득하게 살릴 수 있다. 말리는 작업을 하지 않으면 쿠키가 주저앉을 수 있다.

• 달걀흰자의 거품을 잘 내려면 실온 보관된 차지 않은 달걀을 사용하는 것이 포인트이다(냉장 보관 시에는 실온에 미리 꺼내놓고 사용하는 것이 좋다.).

멜리케이트 & 샌드 쿠키

망고 머랭

머랭에 망고의 상큼함이 더해져 허브차에 잘 어울리는 쿠키

Ready

준비물
오븐팬, 테프론지, 전기거품기, 짤주머
니, 별깍지, 고무주걱, 깊은 중간 볼, 저
울, 식힘망

재료
달걀흰자 …… 4개
유기농설탕 …… 200g
망고 퓨레 …… 20g
레몬즙 …… 5g
건망고(잘게 다린 것) …… 100g
슈거파우더 …… 조금(쿠키 윗면에 뿌
릴 양)
건망고(럼에 재운 것) …… 30g

Recipe

1 90%의 머랭을 만든다(머랭 만드는 법(p. 41) 참조).

2 곱게 잘 올라온 머랭에 망고 퓨레와 레몬즙을 넣고 잘 섞은 후 마지막으
로 다진 건망고를 가볍게 섞으면 완성된다.

3 짤주머니에 별깍지를 끼고 고무주걱으로 머랭을 넣어 테프론지를 깐 오
븐팬에 밤알 크기(지름 3cm)로 짠다.

4 그 위에 럼에 재운 건망고를 올린다.

5 다 올린 후 쿠키 위에 슈거파우더를 충분히 뿌리고 굽는다.

| 크기 |
| 지름 3cm |
| 분량 |
| 45~50개 |
| 예열 온도 |
| 140℃ |
| 굽는 시간 |
| 1시간 |

Mango Meringue

Chocolate Meringue

크기
지름 3cm

분량
45~50개

예열 온도
150℃

굽는 시간
1시간

초코 머랭

달콤함과 초콜릿의 진한 맛이 핫초코와 너무 잘 어울리는 쿠키

Ready

준비물

오븐팬, 테프론지, 전기거품기, 짤주머니, 별깍지, 고무주걱, 깊은 중간 볼, 저울, 식힘망

재료

달걀흰자 …… 4개
유기농 슈거파우더(설탕을 글라인더에 갈아 쓴다.) …… 200g
카카오파우더 …… 70g
타르타르 …… 3g
슈거파우더 …… 조금(쿠키 윗면에 뿌릴 양)

Recipe

1 90%의 머랭을 만든다(머랭 만드는 법(p.41) 참조).

2 잘 올라온 머랭에 카카오파우더를 가볍게 섞어준다.

3 짤주머니에 담고 테프론지를 깐 오븐팬에 짜준 후 굽는다.

✳ Magot's Sweet Tip

• 달걀흰자의 거품을 잘 내려면 실온 보관된 차지 않은 달걀을 사용하는 것이 포인트이다(냉장 보관 시에는 실온에 미리 꺼내놓고 사용하는 것이 좋다.).

• 작업을 빠르게 하는 것이 포인트이다. 짤주머니를 천천히 짜면 카카오파우더로 인해 머랭 거품이 사라져 질척해지면 원하는 모양을 얻을 수 없다.

델리케이트 & 샌드 쿠키

White Cacao Cookies

크기
3×5cm
분량
20~25개
예열 온도
180℃
굽는 시간
11분

화이트 카카오 쿠키

달지 않으면서 화이트초콜릿의 절묘한 맛이 어울리는 환상적인 쿠키

Ready

준비물
오븐팬, 굵은 체, 손거품기, 짤주머니, 별
깍지, 고무주걱, 중간 볼, 저울, 식힘망

재료
유기농박력분 …… 80g
아몬드분말 …… 65g
카카오파우더 …… 45g
유기농버터 …… 125g
유기농설탕 …… 200g
달걀 …… 60g
화이트초콜릿(중탕으로 녹인다.) ……
　　100g

Recipe

1 건재료(박력분+아몬드분말+카카오파우더)는 체쳐 놓는다.

2 '버터+설탕'을 거품기로 잘 섞은 후 달걀을 넣어 부피감을 주기 위해 힘
차게 저어 크림 상태로 만든다.

3 크림 상태의 2에 1을 섞는다.

4 질감이 부드러워질 때까지 한 덩어리가 되도록 잘 섞은 다음 10분간 휴지
시킨다.

5 짤주머니에 별깍지를 끼워 반죽을 넣고 오븐팬에 모양을 내어 짠다.

6 구워서 식힌 쿠키에 중탕으로 녹인 화이트초콜릿을 1/3 정도 담갔다가 빼
내어 굳히면 완성이다.

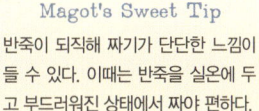

Magot's Sweet Tip

반죽이 되직해 짜기가 단단한 느낌이
들 수 있다. 이때는 반죽을 실온에 두
고 부드러워진 상태에서 짜야 편하다.

델리케이트 & 샌드 쿠키

Gruyere Cacao
Cookie

그뤼에르 카카오 쿠키

달지 않은 카카오의 진한 맛을 좋아한다면 만족할만한 쿠키

크기	지름 5cm
분량	20~25개
예열 온도	180℃
굽는 시간	11분

Ready

준비물

오븐팬, 저울, 굵은 체, 중간 볼, 손거품기, 고무주걱, 유산지, 식힘망

재료

유기농박력분 …… 110g

아몬드분말 …… 35g

카카오파우더 …… 20g

그뤼에르 카카오 …… 40g

우유버터 …… 95g

유기농 슈거파우더(설탕을 글라인더에 갈아 쓴다.) …… 40g

달걀 …… 15g

소금 …… 조금

오렌지 제스트 …… 1/2개분

다크초콜릿 …… 조금(덩어리 초콜릿을 자른 것으로 준비한다.)

유기농설탕 …… 조금(쿠키 윗면에 뿌릴 양)

Recipe

1 건재료(박력분+아몬드분말+카카오파우더)는 체치고 그뤼에르 카카오를 섞어 놓는다.

2 '버터+슈거파우더+소금'을 거품기로 잘 섞은 후 달걀을 넣어 부피감을 주기 위해 힘차게 저어 크림 상태로 만든다. 마지막으로 오렌지 제스트를 넣고 마무리한다.

3 크림 상태의 2에 1을 섞고 가볍게 섞어 한 덩어리를 만든 다음 냉장실에서 30분간 휴지시킨다.

4 굳어진 반죽을 원통형 형태로 만든 다음 유산지로 말아서 다시 냉동실에서 단단하게 굳힌다.

5 반죽을 꺼내어 표면에 설탕을 고루 묻히고 칼로 4mm 두께로 잘라 오븐팬에 놓는다.

6 오븐팬에 놓은 반죽 위에 칼로 자른 다크초콜릿을 올려 굽는다.

딜리케이트 & 샌드 쿠키

Kisses Cookies

크기
지름 3cm
분량
27~30개
예열 온도
175℃
굽는 시간
10분

키세스 쿠키

초콜릿이 잘 어울리는 부드러운 쿠키

Ready

준비물

오븐팬, 저울, 굵은 체, 중간 볼, 손거품기, 고무주걱, 식힘망

재료

유기농박력분 …… 150g

아몬드분말 …… 60g

유기농버터 …… 125g

유기농 슈거파우더(설탕을 글라인더에 갈아 쓴다.) …… 50g

바닐라익스트랙 …… 3g

키세스초콜릿 …… 27~30개

Recipe

1 건재료(박력분+아몬드분말)는 체쳐 놓는다.

2 '버터+슈거파우더'를 거품기로 잘 섞어 크림 상태로 만든다.

3 마지막으로 바닐라익스트랙을 넣고 마무리한다.

4 크림 상태의 3에 1을 넣고 질감이 부드러워질 때까지 한 덩어리가 되도록 잘 섞은 다음 냉장실에서 30분간 휴지시킨다.

5 반죽을 20g으로 분할하여 동그랗게 만든 후 손바닥으로 눌러 납작한 원형으로 만들고 가장자리에 굵은 설탕을 묻힌다.

6 설탕을 묻힌 반죽 가운데에 키세스 초콜릿을 박은 후 갈색이 나도록 노릇하게 구워내면 완성이다.

m&m Chocolate Star Cookies

m&m 초콜릿 스타 쿠키

부드러운 맛을 내는 쿠키에 귀여운 초콜릿이 포인트

크기	지름 6cm
분량	15~18개
예열 온도	175℃
굽는 시간	10분

Ready

준비물

오븐팬, 저울, 밀대, 굵은 체, 중간 볼, 손거품기, 고무주걱, 별모양 쿠키 커터기(지름 6cm), 식힘망

재료

유기농박력분 …… 130g
아몬드분말 …… 60g
카카오파우더 …… 20g
유기농버터 …… 125g
슈거파우더 …… 50g
바닐라익스트랙 …… 3g
m&m 초콜릿 …… 75~100개
화이트초콜릿(녹여서 준비한다.) ……
　　50g

Recipe

1 건재료(박력분+아몬드분말+카카오파우더)는 체쳐 놓는다.

2 '버터+슈거파우더'를 거품기로 잘 섞어 크림 상태로 만든다.

3 마지막으로 바닐라익스트랙을 넣고 마무리한다.

4 크림 상태의 3에 1을 넣고 질감이 부드러워질 때까지 한 덩어리가 되도록 잘 섞은 다음 냉장실에서 30분간 휴지시킨다.

5 반죽을 밀대로 밀어 별모양 쿠키 커터기로 자른다.

6 오븐팬에 별모양 반죽을 올리고 모서리마다 m&m 초콜릿을 눌러 붙여 굽는다.

7 녹인 화이트초콜릿을 일회용 비닐 짤주머니에 넣어 끝을 살짝 잘라 초콜릿이 가늘게 나오도록 조절한다. 완전히 구워 식힌 쿠키 가운데에 별모양으로 두 번 겹쳐 짜고 굳히면 완성이다.

Hazelnut Cookies

헤이즐넛 쿠키

고급스러운 향의 헤이즐넛에 레몬향이 잘 어울리는 달지 않은 쿠키

크기
지름 5cm

분량
24~28개

예열 온도
175℃

굽는 시간
10분

Ready

준비물

오븐팬, 손거품기, 짤주머니, 원형깍지,
고무주걱, 중간 볼, 저울, 식힘망

재료

유기농박력분 …… 110g

헤이즐넛분말 …… 90g

우유버터 …… 130g

유기농 슈거파우더(설탕을 글라인더에
갈아 쓴다.) …… 50g

바닐라슈거 …… 4g

소금 …… 조금

레몬 제스트 …… 1/2개

달걀 …… 1개

달걀노른자 …… 1개

화이트초콜릿, 밀크초콜릿(녹여서 장
식) …… 각 소량

Recipe

1 건재료(박력분+헤이즐넛분말)는 체쳐 놓는다.

2 '버터+슈거파우더+소금+바닐라슈거'를 거품기로 잘 섞고 달걀노른자와
달걀을 넣어 크림 상태로 만든다.

3 크림 상태의 2에 레몬 제스트를 넣어 부드럽게 만든다.

4 크림 상태의 3에 1을 넣고 질감이 부드러워질 때까지 한 덩어리가 되도록
잘 섞은 다음 냉장실에서 30분간 휴지시킨다.

5 짤주머니에 원형깍지를 끼워 반죽을 담고 오븐팬에 돌돌 말아서 짠다.

6 녹인 화이트초콜릿과 밀크초콜릿을 각각 일회용 비닐 짤주머니에 넣어
끝을 살짝 잘라 초콜릿이 가늘게 나오도록 조절한다. 완전히 구워 식힌
쿠키 위에 지그재그로 그려준다.

Espresso Mocha Cookies

에스프레소 모카 쿠키

진한 모카향을 느낄 수 있는 멋진 쿠키

크기
지름 3cm

분량
23~27개

예열 온도
175℃

굽는 시간
10분

Ready

준비물
오븐팬, 저울, 굵은 체, 중간 볼, 손거품기, 고무주걱, 유산지, 식힘망

재료
유기농박력분 …… 280g
베이킹파우더 …… 4g
원두커피가루 …… 6g
우유버터 …… 105g
유기농설탕 …… 100g
바닐라슈거 …… 2g
넛맥 …… 2g
소금 …… 조금
달걀 …… 1개
럼 …… 5g
인스턴트 커피+우유 …… 6g+10g(따뜻한 우유에 녹여 놓는다.)
굵은 설탕 …… 조금(반죽 표면에 묻힐 양)

Recipe

1 건재료(박력분+베이킹파우더)는 체치고 원두 갈은 것을 섞어 놓는다.

2 '버터+설탕+바닐라슈거+넛맥+소금'을 거품기로 잘 섞은 후 달걀을 넣고 힘차게 섞어 크림 상태로 만든다.

3 마지막으로 녹여둔 '인스턴트 커피+럼'을 넣고 잘 섞어 마무리한다.

4 크림 상태의 3에 1을 넣고 질감이 부드러워질 때까지 한 덩어리가 되도록 잘 섞은 다음 냉장실에서 30분간 휴지시킨다.

5 굳어진 반죽을 원통형 형태로 만들고 다시 냉동실에서 단단하게 굳혀 겉면에 설탕을 묻힌다.

6 칼로 4mm 두께로 잘라 오븐팬에 놓고 갈색이 나도록 굽는다.

Green Tea Cookies

크기
지름 5cm

분량
24~27개

예열 온도
175℃

굽는 시간
10분

녹차 쿠키

녹차의 쌉쌀한 맛과 달콤함이 잘 어울리는 쿠키

Ready

준비물
오븐팬, 저울, 밀대, 굵은 체, 중간 볼, 손
거품기, 고무주걱, 꽃모양 쿠키 커터기
(대, 소), 식힘망

재료
유기농박력분 …… 140g
아몬드분말 …… 60g
녹차가루 …… 10g
우유버터 …… 125g
유기농 슈거파우더(설탕을 글라인더에
　갈아 쓴다.) …… 50g
바닐라익스트랙 …… 3g
필링 …… 200g(코코넛 크리스피 반죽
　만드는 법(p.55) 참조)
*굳으면 20g 정도씩 분할해서 넣는다.

Recipe

1 건재료(박력분+아몬드분말+녹차가루)는 체쳐 놓는다.

2 '버터+슈거파우더'를 거품기로 잘 섞어 크림 상태로 만든 후 마지막으로
바닐라익스트랙을 넣고 마무리한다.

3 크림 상태의 2에 1을 넣고 질감이 부드러워질 때까지 한 덩어리가 되도록
잘 섞은 다음 냉장실에서 30분간 휴지시킨다.

4 반죽을 밀대로 4mm 두께로 밀고 꽃모양 쿠키 커터기(대, 소)를 이용해
도너츠 모양으로 가운데를 뚫어 커팅한다.

5 오븐팬에 반죽을 놓고 뚫린 반죽 가운데에 코코넛 크리스피 반죽을 3g씩
분할하여 가운데에 놓고 굽는다.

✽ Magot's Sweet Tip
너무 강한 온도에서 오래 구우면 녹차
의 예쁜 색을 얻을 수 없다.

Pikan Tophing Short
Bread

피칸 토핑 숏브레드

오리지널 버터 쿠키의 맛을 제대로 느낄 수 있는 진한 버터향의 쿠키

Ready

준비물

오븐팬, 손거품기, 저울, 밀대, 굵은 체, 중간 볼, 거품기, 원형 쿠키 커터기(지름 20cm), 고무주걱, 식힘망

재료

유기농박력분 …… 170g

유기농 슈거파우더(설탕을 글라인더에 갈아 쓴다.) …… 20g

우유버터 …… 105g

설탕 …… 25g

소금 …… 조금

피칸(다진 것) …… 30g

슈거파우더 …… 조금(쿠키 윗면에 뿌릴 양)

Recipe

1 건재료(박력분)는 체쳐 놓는다.

2 '버터+소금+슈거파우더'를 넣고 거품기로 잘 섞어 크림 상태로 만든다.

3 크림 상태의 2에 1을 넣고 질감이 부드러워질 때까지 한 덩어리가 되도록 잘 섞은 다음 냉장실에서 30분간 휴지시킨다.

4 반죽을 오븐팬 위에 놓고 밀대로 5mm 두께로 민 다음 그 위에 피칸을 뿌린다.

5 피칸이 떨어지지 않도록 밀대로 피칸을 가볍게 눌러주어 반죽에 고정시킨다.

6 반죽을 지름 20cm의 원형 쿠키 커터기로 자른다.

7 굽기 전에 칼로 칼집을 내어 쿠키에 자국이 남도록 한다.

8 갈색이 나도록 굽고 완전히 식으면 쿠키 위에 슈거파우더를 뿌려 마무리한다.

Berry Berry Cookies

베리베리 쿠키

롤로 말아 멋진 모양과 상큼한 맛이 잘 어울리는 센스있는 쿠키

크기
지름 3cm

분량
25~30개

예열 온도
175℃

굽는 시간
10분

Ready

준비물

오븐팬, 저울, 밀대, 굵은 체, 중간 볼, 손 거품기, 고무주걱, 테프론지(2장), 유산지, 식힘망, 붓

재료

베리 반죽

유기농박력분 …… 125g
아몬드분말 …… 60g
복분자딸기 가루 …… 25g
우유버터 …… 110g
유기농 슈거파우더 …… 50g
바닐라익스트랙 …… 3g

바닐라 반죽

유기농박력분 …… 150g
아몬드분말 …… 60g
우유버터 …… 110g
유기농 슈거파우더 …… 50g
바닐라익스트랙 …… 6g
달걀흰자 …… 1개(붓으로 반죽에 발라 반죽을 붙일 때 사용)

Recipe

1 베리 건재료(박력분+아몬드분말+복분자딸기 가루)는 체쳐 놓는다.

2 바닐라 건재료(박력분+아몬드분말)도 체쳐 놓는다.

3 '버터+슈거파우더'를 거품기로 잘 섞어 크림 상태로 만든다. 마지막으로 바닐라익스트랙을 넣고 마무리한다.

4 크림 상태의 3에 1을 넣고 질감이 부드러워질 때까지 한 덩어리가 되도록 잘 섞은 다음 냉장실에서 30분간 휴지시킨다. 바닐라 반죽도 3에 2를 넣고 똑같은 방법으로 반죽하여 휴지시킨다.

5 두 반죽을 각각 테프론지에 올리고 4mm 두께로 밀어 직사각형 형태로 2장을 만든 다음 바닐라 반죽에 달걀흰자를 붓으로 바른다.

6 달걀흰자를 바른 바닐라 반죽 위에 또 한 장의 베리 반죽을 덮어 두 장을 겹친다.

7 원통형으로 유산지에 돌돌 말아서 냉동실에서 굳힌다.

8 냉동실에서 꺼낸 반죽에 설탕을 묻힌 다음 칼로 4mm 두께로 자르고 오븐팬에 놓고 굽는다.

Magot's Sweet Tip

너무 강한 온도에서 오래 구우면 예쁜 색을 얻을 수 없다.

Parmesan Cheese Cookies

크기 지름
지름 2cm

분량
45~50개

예열 온도
175℃

굽는 시간
8분

파마산 황치즈 쿠키

남녀노소 누구나 좋아하는 매력 덩어리 치즈의 풍부하고 고소한 맛이 일품

Ready

준비물

오븐팬, 핸드믹서기, 짤주머니, 원형깍지, 고무주걱, 중간 볼, 저울, 식힘망

재료

유기농박력분 …… 140g

황치즈가루 …… 30g

파마산가루 …… 140g

우유버터 …… 135g

유기농 슈거파우더(설탕을 글라인더에 갈아 쓴다.) …… 100g

달걀 …… 2개

Recipe

1 건재료(박력분+황치즈가루)는 체치고 파마산가루를 섞어 놓는다.

2 '버터+슈거파우더'를 거품기로 잘 섞고 달걀을 한 개씩 넣어 분리되지 않도록 크림 상태로 만든다.

3 크림 상태의 2에 1을 섞어 부드러운 반죽을 만든다.

4 짤주머니에 원형깍지를 끼고 반죽을 담아서 오븐팬에 지름 2cm로 짜서 굽는다.

파운드케이크 & 샌드 쿠키

113

Gigi Cookies

치지 쿠키

엄마가 구워준 정성이 느껴지는 매력적인 쿠키

Ready

준비물

오븐팬, 핸드믹서기, 짤주머니, 원형깍지, 고무주걱, 중간 볼, 저울, 식힘망

재료

유기농박력분 …… 150g
우유버터 …… 140g
유기농 슈거파우더(설탕을 글라인더에
　갈아 쓴다.) …… 100g
달걀 …… 2개

Recipe

1 건재료(박력분)는 체쳐 놓는다.

2 '버터+슈거파우더'를 거품기로 잘 섞고 달걀을 한 개씩 넣어 분리되지 않도록 크림 상태로 만든다.

3 크림 상태의 2에 1을 섞어 부드러운 반죽을 만든다.

4 짤주머니에 원형깍지를 끼고 반죽을 담아서 오븐팬에 지름 2cm로 짜서 굽는다.

Chocolate Macaroon

초코 마카롱

에스프레소와 곁들이는 프랑스의 대표 쿠키

크기
지름 3cm

분량
샌드 20개

예열 온도
1차: 160℃/2차: 140℃

굽는 시간
1차: 15분/2차: 10분

Ready

준비물
오븐팬, 테프론지, 짤주머니, 원형깍지,
고무주걱, 중간 볼, 저울, 식힘망, 체, 핸
드믹서기

재료
마카롱

아몬드분말 …… 125g

초코파우더 …… 30g

유기농 슈거파우더(설탕을 글라인더에
　갈아 쓴다.) …… 190g

달걀흰자 …… 3개

유기농설탕 …… 30g

가나슈

다크초콜릿 …… 120g

생크림 …… 150g

물엿 …… 3g

Recipe

마카롱

1 건재료(아몬드분말+초코파우더+슈거파우더)는 2번 체쳐 놓는다.

2 달걀흰자를 거품기로 수분이 없도록 충분히 거품을 올린 후 설탕을 넣고
　단단하고 부드러운 머랭을 만든다(머랭 만들기(p.41) 참조).

3 1에 달걀흰자를 세 번에 나누어 흐를 때까지 가볍게 접이식으로 반죽한
　다. 이때 농도는 고추장 되기로 한다.

4 짤주머니에 원형깍지를 끼고 반죽을 담아서 테프론지를 오븐팬에 깔고
　지름 2cm로 짠다.

5 오븐팬을 내려쳐서 윤기 나는 원형 반죽으로 만든다.

6 실온에서 반죽 윗면이 꾸득꾸득해질 때까지 말린다.

7 반죽을 160℃ 오븐에서 15분간 굽고, 140℃에서 10분간 더 말리듯이 굽
　는다.

가나슈

1 잘라놓은 다크초콜릿에 끓인 생크림 80g을 부어서 그 열로 초콜릿을 녹
　인다.

2 초콜릿이 다 녹으면 거품기로 완전히 녹도록 섞어준다.

3 완전히 섞이면 남은 생크림 70g을 넣고 섞어준다.

4 계속 섞어주면 온도가 낮아지면서 걸쭉한 크림 상태로 변한다.

5 크림 상태의 반죽을 짤주머니에 담아 구운 마카롱에 샌드하면 완성된다.

Peanut Chocolate Sand

피넛 초코 샌드

진한 카카오 맛에 고소한 피넛의 절묘한 조화

크기
지름 3cm

분량
샌드 15~20개

예열 온도
175℃

굽는 시간
11~13분

Ready

준비물

오븐팬, 테프론지, 저울, 중간 볼, 손거품기, 고무주걱, 짤주머니, 원형깍지, 식힘망

재료

쿠키

유기농박력분 …… 125g

카카오파우더 …… 55g

베이킹소다 …… 2g

베이킹파우더 …… 2g

우유버터 …… 110g

유기농설탕 …… 200g

달걀 …… 1개

생크림 …… 200g

바닐라익스트랙 …… 3g

소금 …… 조금

필링

피넛버터 …… 140g

유기농버터 …… 105g

유기농 슈거파우더(설탕은 글라인더에
  갈아 쓴다.) …… 100g

Recipe

쿠키

1 건재료(박력분+카카오파우더+베이킹소다+베이킹파우더)는 체쳐 놓는다.

2 '버터+설탕'을 거품기로 잘 섞은 후 '달걀+소금'을 넣어 거품기로 힘차게 크림 상태로 만든다. 생크림과 바닐라를 넣고 부드럽게 완전히 섞는다.

3 크림 상태의 2에 1을 넣고 질감이 부드러워질 때까지 한 덩어리가 되도록 잘 섞은 다음 실온에서 30분간 휴지시킨다.

4 원형깍지를 낀 짤주머니에 반죽을 담고 오븐팬에 지름 3cm가 되도록 짠다.

5 예열된 오븐에 구워 식힌 후 땅콩버터크림을 샌드하여 완성한다.

필링

1 '피넛버터+버터+슈거파우더'를 중간 볼에 넣고 거품기로 힘차게 저어 크림 상태가 되게 한다.

119

Blueberry Sand

크기
지름 4cm
분량
샌드 15~20개
예열 온도
175℃
굽는 시간
10분

블루베리 샌드

달콤한 블루베리향과 고소함이 입 안 가득히 행복감을 주는 쿠키

Ready

준비물

오븐팬, 저울, 밀대, 굵은 체, 중간 볼, 거품기, 고무주걱, 원형 쿠키 커터기(중, 소), 식힘망

재료

쿠키

유기농박력분 ······ 180g
베이킹소다 ······ 3g
우유버터 ······ 100g
유기농설탕 ······ 120g
달걀(작은 것) ······ 1개
바닐라익스트랙 ······ 2g

블루베리잼

블루베리 ······ 100g
유기농설탕 ······ 40g
레몬즙 ······ 5g

Recipe

쿠키

1 건재료(박력분+베이킹소다)는 체쳐 놓는다.

2 '버터+설탕'을 거품기로 잘 섞고 달걀을 넣어 거품기로 크림 상태로 만든 후 바닐라익스트랙을 넣어 완전히 섞는다.

3 크림 상태의 2에 1을 넣고 질감이 부드러워질 때까지 한 덩어리가 되도록 잘 섞은 다음 냉장실에서 30분간 휴지시킨다.

4 반죽을 3mm 두께로 밀대로 밀어 원형 쿠키 커터기로 하나는 중간 사이즈로만 자르고, 또 하나는 가운데까지 뚫어 도넛 모양을 만든 후 오븐팬에 놓고 굽는다. 이 두 가지 형태의 반죽이 한 세트가 된다.

5 완전히 식으면 원형 모양의 쿠키 위에 블루베리 잼을 올리고, 그 위에 도넛 모양의 쿠키를 샌드하여 완성한다.

블루베리잼

1 블루베리 100g에 설탕 40g을 넣어 1시간 동안 재운 후 중불에 졸인다.

2 양이 1/3로 줄면 마지막에 레몬즙을 5g 넣고 섞은 후 불을 끄고 식힌다.

Icecream Sand

크기
지름 6~7cm 자유 형태

분량
샌드 15~20개

예열 온도
175℃

굽는 시간
10분

아이스크림 샌드

얇고 바삭한 쿠키에 진하고 달콤한 아이스크림을 샌드해서 고소함과 달콤함을 함께 즐기는 쿠키

Ready

준비물

오븐팬, 고무주걱, 중간 볼, 핸드믹서기, 저울, 스푼, 식힘망

재료

유기농박력분 …… 70g
아몬드가루 …… 80g
우유버터(녹인 것) …… 50g
유기농 슈거파우더(설탕은 글라인더에
  갈아 쓴다.) …… 90g
생크림 …… 70g
달걀흰자 …… 2개
코코넛체 …… 30g (반죽 위에 뿌릴 것)
슈거파우더 …… 조금(쿠키 윗면에 뿌
  릴 양)
아이스크림 …… 적당량(쿠키에 샌드할
  양)

Recipe

1 긴재료(박력분+아몬드가루)는 체쳐 놓는다.

2 '우유버터+슈거파우더+달걀흰자'를 넣고 부드럽게 섞은 후 생크림을 넣어 크림 상태로 만든다.

3 2에 1을 넣어 부드럽게 섞은 후 실온에서 30분간 휴지시킨다.

4 오븐팬에 반죽을 일정량 부운 후 자유로운 형태로 고루 편다.

5 편 반죽 위에 코코넛체를 뿌린 후 굽는다.

6 완전히 식으면 바닥에 쿠키 하나를 놓고 아이스크림을 한 스쿱 올린 후 그 위에 쿠키를 올려 샌드한다. 그 위에 슈거파우더를 뿌리면 완성된다.

Vanilla Cream Chocolate Sand

바닐라 크림 초코 샌드

진한 카카오 쿠키에 바닐라향이 가득한 크림이 듬뿍

크기
지름 4cm

분량
샌드 15~20개

예열 온도
175℃

굽는 시간
10분

Ready

준비물

오븐팬, 테프론지, 저울, 중간 볼, 손거품기, 고무주걱, 짤주머니, 원형깍지, 식힘망

재료

쿠키

유기농박력분 …… 150g

카카오파우더 …… 100g

우유버터 …… 170g

유기농설탕 …… 200g

달걀 …… 1개

필링

우유버터 …… 210g

유기농 슈거파우더(설탕을 글라인더에 갈아 쓴다.) …… 200g

바닐라익스트랙 …… 3g

글레이즈(장식)

슈거파우더 …… 120g

우유 …… 15g

바닐라익스트랙 …… 2g

Magot's Sweet Tip

글레이즈 만들기

1 '슈거파우더+우유'를 섞어 되직하게 고루 섞은 후 바닐라익스트랙을 넣어준다.

2 1회용 짤주머니에 담아 장식한다.

Recipe

쿠키

1 건재료(박력분+카카오파우더)는 체쳐 놓는다.

2 '버터+설탕'을 거품기로 잘 섞고 달걀을 1개 넣어 분리되지 않도록 크림 상태로 만든다.

3 크림 상태의 2에 1을 넣고 질감이 부드러워질 때까지 한 덩어리가 되도록 잘 섞은 다음 실온에서 30분간 휴지시킨다.

4 짤주머니에 원형깍지를 끼고 반죽을 담아서 오븐팬에 지름 3cm로 짜서 굽는다.

필링

1 '버터+슈거파우더+바닐라익스트랙'을 모두 넣고 거품기로 크림 상태를 만든다.

2 구워진 쿠키 사이에 크림 상태가 된 1을 넣고 샌드한다(피넛 초코 샌드 (p.119) 참조).

3 샌드된 쿠키 위에 만들어둔 글레이즈를 지그재그로 뿌려준다.

Lady Fingers

크기
1×5cm

분량
30~35개

예열 온도
170℃

굽는 시간
15분

레이디 핑거

어린 아이들에게 인기 좋은 부드럽고 달콤한 쿠키의 대명사

Ready

준비물
오븐팬, 테프론지, 짤주머니, 원형깍지, 고무주걱, 중간 볼, 저울, 핸드믹서기

재료
유기농박력분 …… 110g
소금 …… 조금
달걀흰자 …… 4개
유기농설탕 …… 100g
바닐라익스트랙 …… 4g
슈거파우더 …… 조금(쿠키 윗면에 뿌릴 양)

Recipe

1 건재료(박력분)는 체쳐 놓는다.

2 90%의 머랭을 만든다(머랭 만드는 법(p.41) 참조).

3 크림 상태의 2에 1을 섞어 부드러운 반죽을 만든다.

4 짤주머니에 원형깍지를 끼고 반죽을 담는다.

5 테프론지를 깐 오븐팬에 손가락 길이만큼 길게 짜서 굽는다.

✱
Magot's Sweet Tip
레이디 핑거는 아이들 간식으로도 좋고, 티라미수를 만들 때 많이 사용한다.

쿠키 & 샌드 쿠키

127

Chocolate Pretzels

크기
0.5×10cm
분량
30~35개
예열 온도
180℃
굽는 시간
11분

초코 프레첼
카카오향과 고소함이 가득한 쿠키

Ready

준비물
오븐팬, 고무주걱, 중간 볼, 저울, 식힘망, 체, 손거품기

재료
유기농박력분 …… 140g
카카오파우더 …… 50g
우유버터 …… 80g
유기농설탕 …… 120g
달걀 …… 1개
굵은 설탕 …… 조금(장식용)

Recipe

1 건재료(박력분+카카오파우더)는 체쳐 놓는다.

2 '버터+설탕'을 거품기로 잘 섞고 달걀을 넣어 분리되지 않도록 크림 상태로 만든다.

3 크림 상태의 2에 1을 섞어 반죽하여 한 덩어리로 만든 후 냉장실에서 30분간 휴지시킨다.

4 성형하기 좋은 굳기로 굳으면 반죽을 25g씩 분할한다.

5 반죽을 길게 밀어 프레첼 형태로 성형한다.

6 반죽 위에 굵은 설탕을 묻혀 오븐팬에 올리고 오븐에 굽는다.

Rich&Dense
Cookies

Part 4

리치&덴스 쿠키

재료의 풍부한 맛을 느낄 수 있는 진한 맛의 쿠키

Coconut Chocolate Bar

코코넛 초콜릿바

겉은 바삭하고 속은 쫀득해서 에스프레소와 잘 어울리는 매력적인 쿠키

크기
2×7cm
분량
25~30개
예열 온도
1차:180℃ / 2차:175℃
굽는 시간
1차:10분 / 2차:15~18분

Ready

준비물

사각 오븐팬, 고무주걱, 중간 볼, 저울,
굵은 체, 전자레인지

재료

크러스트

유기농박력분 …… 280g
베이킹파우더 …… 4g
우유버터 …… 150g
유기농설탕 …… 150g
소금 …… 조금

토핑1

초콜릿 …… 150g
생크림(끓인 것) …… 100g

토핑2

우유버터(녹여 놓는다.) …… 50g
바닐라익스트랙 …… 3g
유기농설탕 …… 50g
달걀 …… 2개
호두 …… 100g
코코넛체 …… 180g

Recipe

크러스트

크러스트 만드는 법(p.48) 참조

토핑1

1 끓인 생크림을 초콜릿에 붓고 잔열로 초콜릿을 녹여 잘 섞어준다.

2 구운 크러스트 위에 얇게 펴 바른다.

토핑2

1 볼에 '코코넛체+설탕+호두+바닐라'를 고루 섞고 달걀을 풀어 가볍게 재
료와 섞은 후 마지막에 녹인 버터를 넣어 섞어 놓는다.

2 초콜릿을 얇게 펴 바른 크러스트 위에 섞어놓은 코코넛체를 고루 편다.

3 갈색이 나도록 굽고 한 김이 나가면 따뜻할 때 커팅해야 부서지는 것을
막을 수 있다.

Amarena Cherry Bar

아마레나 체리바

아몬드 크림에 풍부한 향의 아마레나 체리가 듬뿍 들어간 부드러운 쿠키

크기
11×11cm
분량
8개
예열 온도
175℃
굽는 시간
17~20분

Ready

준비물

사각 오븐팬(11×11cm), 굵은 체, 중간 볼, 저울, 고무주걱, 핸드믹서기, 파이 커터기

재료

크러스트

유기농박력분 …… 200g

우유버터 …… 100g

유기농설탕 …… 90g

소금 …… 조금

우유 …… 16g

아몬드 크림

우유버터 …… 50g

유기농설탕 …… 50g

아몬드파우더 …… 55g

유기농박력분 …… 7g

달걀 …… 1개

럼 …… 5g

크럼블

아마레나 체리 …… 1/4컵(4등분하여 준
  비한다.)

유기농박력분 …… 100g

우유버터 …… 50g

유기농설탕 …… 20g

소금 …… 조금

Recipe

크러스트

크러스트 만드는 법(p.48) 참조

아몬드 크림

1 건재료(아몬드+박력분)는 체쳐놓는다.

2 '버터+설탕'을 섞은 후 달걀을 조금씩 넣어 크림화시키고 마지막에 럼을
  넣어 마무리한다.

3 2에 1를 넣고 가볍게 섞은 뒤 짤주머니에 담아 놓는다.

크럼블

크럼블 만드는 법(p.48) 참조

세팅하기

1 초벌구이한 크러스트에 아몬드 크림을 깐다.

2 그 위에 4등분한 아마레나 체리를 올린다.

3 마지막에 크럼블을 맨 위에 솔솔 뿌려주고 갈색이 나도록 굽는다.

Honeydew Bar

크기
5×6cm
분량
10〜15개
예열 온도
1차:175℃ / 2차:175℃
굽는 시간
1차:10분 / 2차:5분

허니듀바

꿀 향기가 가득하고 씹을수록 쫀득함이 매력적인 쿠키

Ready

준비물

사각 오븐팬, 굵은 체, 고무주걱, 중간 볼, 저울, 핸드믹서기, 식힘망, 체, 스크래퍼

재료

유기농박력분 …… 150g

베이킹소다 …… 4g

베이킹파우더 …… 3g

우유버터 …… 140g

유기농설탕 …… 100g

소금 …… 조금

달걀 …… 1개

바닐라익스트랙 …… 3g

꿀 …… 90g

건포도, 라즈베리 …… 조금(반죽 위에 뿌릴 양)

Recipe

1 건재료(박력분+베이킹소다+베이킹파우더)는 체쳐 놓는다.

2 '버터+설탕+소금'을 거품기로 잘 섞고 '달걀+바닐라익스트랙+꿀'을 넣어 분리되지 않도록 힘차게 저어 크림 상태로 만든다.

3 크림 상태의 2에 1을 섞어 부드러운 반죽을 만든다.

4 깊이가 있는 오븐팬에 1cm 두께로 편다.

5 그 위에 건포도, 라즈베리를 뿌리고 굽는다.

6 1차로 175℃에서 10분간 굽고 꺼내어 팬을 바닥에 내려쳐 가스를 뺀 후 5분 더 굽는다. 이 과정을 하면 쫀득한 식감을 얻을 수 있다.

쿠치 & 앤스 쿠키

137

Lemon Cheese Cup
Cookies

레몬 치즈 컵 쿠키

새콤달콤한 레몬크림이 싱큼함을 더해 입 안을 깔끔하게 해주는 쿠키

크기
지름 4cm

분량
20~25개

예열 온도
1차:175℃ / 2차:175℃

굽는 시간
1차초벌 10분 / 2차:10분

Ready

준비물
미니 컵케이크 틀(지름 4cm), 굵은 체,
짤주머니, 원형깍지, 고무주걱, 저울, 체,
손거품기, 볼, 식힘망

재료
크러스트
유기농박력분 ······ 120g
유기농설탕 ······ 50g
소금 ······ 조금
우유버터 ······ 150g
바닐라익스트랙 ······ 3g
레몬 제스트 ······ 5g
달걀노른자 ······ 1개

필링
크림치즈 ······ 100g
유기농설탕 ······ 70g
꿀 ······ 50g
달걀 ······ 1개
레몬 제스트 ······ 5g
레몬주스 ······ 10g

Recipe

크러스트
1 크러스트 만드는 법(p.48)을 참조하고, 크림 상태의 반죽에 '레몬 제스트
+바닐라익스트랙'을 추가로 넣어준다.

2 휴지시킨 반죽을 2mm 두께로 밀어 원형으로 자른다.

3 반죽을 컵케이크 틀에 넣고 초벌로 굽는다.

필링
1 부드럽게 만든 크림치즈에 '설탕+꿀'을 넣고 거품기로 섞은 후 달걀을 넣
어 크림 상태를 만든다.

2 1에 레몬 제스트와 레몬주스를 넣어 새콤한 크림치즈 필링을 만든다.

3 2를 짤주머니에 넣고 구워진 쿠키 안에 넣어 10분 더 굽는다.

Chunky Pecan Pie Bar

청키 피칸파이바

부드럽고 고소한 피칸이 듬뿍 들어 있어 씹는 맛이 일품인 진한 고급 쿠키

Ready

준비물

사각 오븐팬(24×18cm), 굵은 체, 중간 볼, 거품기, 고무주걱, 반죽 커터기, 밀대

재료

크러스트

유기농박력분 …… 170g

우유버터 …… 110g

유기농설탕 …… 60g

필링

달걀흰자 …… 3개

올리고당 …… 180g

유기농 슈거파우더(설탕을 글라인더에 갈아 쓴다.) …… 170g

우유버터 …… 28g

바닐라익스트랙 …… 3g

통피칸 …… 150g

Recipe

1 건재료(박력분)는 체쳐 놓는다.

2 '박력분+버터+설탕'을 볼에 모두 넣고 반죽 커터기로 다지듯이 섞어 한 덩어리로 만든 후 밀대로 3mm 두께로 밀어 틀 모양대로 자른다. 예열된 오븐에 10분간 초벌구이한다.

3 '달걀흰자+올리고당+슈거파우더'를 거품기로 잔거품이 나도록 살짝 올리고 녹인 버터와 바닐라익스트랙을 넣는다.

4 통피칸을 3에 넣고 고루 잘 섞는다.

5 초벌구이한 크러스트 위에 4를 고루 펴서 노릇하게 굽는다.

6 완전히 식힌 후 톱칼로 잘라야 잘 잘린다.

피치 & 밀스 쿠키

141

Cream Cheese Ball

크기
지름 3cm

분량
20~25개

예열 온도
175℃

굽는 시간
11분

크림치즈볼

진한 크림치즈와 고소한 넛이 함께 씹히면서 카카오와 진한 치즈향을 느낄 수 있는 쿠키

Ready

준비물
오븐팬, 굵은 체, 볼, 손거품기, 고무주걱, 저울, 식힘망

재료
쿠키
유기농박력분 …… 130g
아몬드분말 …… 60g
카카오파우더 …… 20g
우유버터 …… 125g
유기농 슈거파우더(설탕을 글라인더에
  갈아 쓴다.) …… 50g
바닐라익스트랙 …… 4g

필링
크림치즈 …… 100g
유기농 슈거파우더(설탕을 글라인더에
  갈아 쓴다.) …… 30g
피칸(다진 것) …… 30g
파스타치오(다진 것) …… 30g
카카오파우더 …… 조금(장식용)

Recipe

쿠키
1 건재료(박력분+아몬드분말+카카오파우더)는 체쳐 놓는다.

2 '버터+슈거파우더'를 거품기로 잘 섞어 크림 상태로 만든다. 마지막으로 바닐라익스트랙을 섞어 마무리한다.

3 크림 상태의 2에 1을 섞어 부드러운 반죽을 만든다.

필링
1 부드럽게 녹인 크림치즈에 슈거파우더를 거품기로 저어 크림 상태를 만든다.

2 다진 피칸과 피스타치오를 1에 섞는다.

3 쿠키 반죽을 동그랗게 성형한 후 가운데를 깊이 눌러준다. 그 안에 동그랗게 만들어 놓은 크림치즈를 넣고 반죽을 마무리하여 크림치즈가 밖으로 새지 않도록 한다.

4 오븐에 구운 후 완전히 식히고 쿠키를 카카오파우더에 굴려 완성한다.

Cappuccino Crunchy Bar

크기
5×7cm

분량
20개

예열 온도
175℃

굽는 시간
25분

카푸치노 크런치바
부드럽고 진한 커피향이 가득한 쿠키

Ready

준비물
사각 오븐팬(25×25cm), 굵은 체, 고무
주걱, 중간 볼, 손거품기, 저울, 식힘망

재료
유기농박력분 …… 140g

베이킹소다 …… 4g

소금 …… 조금

계피 …… 3g

우유버터 …… 100g

유기농설탕 …… 120g

유기농 슈거파우더(설탕을 글라인더에
갈아 쓴다.) …… 50g

달걀 …… 1개

인스턴트 커피 …… 3g(뜨거운 물 10g
에 녹여놓는다.)

원두커피가루 …… 5g

바닐라익스트랙 …… 3g

오렌지 제스트 …… 3g

화이트초콜릿(다진 것) …… 120g

다크초콜릿(다진 것) …… 120g

Recipe

1 건재료(박력분+베이킹소다+소금+계피)는 체쳐 놓는다.

2 뜨거운 물에 인스턴트 커피를 녹여 놓는다.

3 '버터+설탕+슈거파우더'를 거품기로 잘 섞고 달걀을 넣어 분리되지 않도
록 크림 상태로 만든 후 녹인 '커피+바닐라익스트랙+오렌지 제스트+원
두커피가루'를 잘 섞는다.

4 크림 상태의 3에 1을 넣고, 화이트초콜릿과 다크초콜릿을 각각 60g씩 반
죽에 넣고 섞는다.

5 반죽을 오븐팬에 골고루 깔고 그 위에 남은 초콜릿을 뿌린 후 오븐에 굽
는다.

6 구워진 쿠키는 완전히 식힌 후 원하는 사이즈로 자른다.

Peanut Butter Marshmallow Bar

크기 지름
5×5cm

분량
25개

예열 온도
175℃

굽는 시간
30분

피넛버터 마시멜로바

피넛의 고소함과 마시멜로의 부드럽고 달콤한 맛이 일품인 쿠키

Ready

준비물

사각 오븐팬(25×25cm), 굵은 체, 고무
주걱, 손거품기, 중간 볼, 저울, 식힘망,
가위

재료

유기농박력분 ······ 160g

베이킹파우더 ······ 4g

소금 ······ 조금

우유버터 ······ 110g

유기농설탕 ······ 70g

유기농 슈거파우더(설탕을 글라인더에
갈아 쓴다.) ······ 70g

피넛버터 ······ 80g

달걀 ······ 1개

땅콩(다진 것) ······ 50g

마시멜로(큰 것) ······ 10개(가위로 4등분
한다.)

초콜릿 ······ 50g(녹여서 짤주머니에 넣
는다.)

Recipe

1 건재료(박력분+베이킹파우더+소금)는 체쳐 놓는다.

2 '버터+설탕+슈거파우더+피넛버터'를 거품기로 잘 섞고 달걀을 넣어 분
리되지 않도록 크림 상태로 만든 후 다진 땅콩을 넣어 가볍게 섞어 완성
한다.

3 크림 상태의 2에 1을 섞어 부드러운 반죽을 만든다.

4 오븐팬에 반죽을 고루 편다

5 그 위에 마시멜로를 골고루 깔고 예열된 오븐에 굽는다.

6 구워진 쿠키는 완전히 식힌 후 위에 녹인 초콜릿을 짤주머니에 담아서 뿌
리고 원하는 사이즈로 자른다.

Chocolate Meringue
Almond Bar

| 크기 |
| 3×4cm |
| 분량 |
| 20개 |
| 예열 온도 |
| 175℃ |
| 굽는 시간 |
| 25분 |

초코 머랭 아몬드바

달지 않은 초콜릿 쿠키 위에 달콤한 머랭이 씹을수록 매력 있는 멋진 쿠키

Ready

준비물

사각 오븐팬(25×25cm), 굵은 체, 저울,
핸드믹서기, 볼, 반죽 커터기, 고무주걱,
식힘망

재료

크러스트

유기농박력분 …… 180g

카카오파우더 …… 35g

우유버터 …… 160g

유기농 슈거파우더(설탕을 글라인더에
갈아 쓴다.) …… 170g

아몬드익스트랙 …… 2g

필링

라즈베리잼 …… 50g

다크초콜릿(녹인 것) …… 50g

달걀흰자+유기농설탕 …… 3개+100g
(머랭 만들기)

아몬드가루 …… 50g

아몬드슬라이스 …… 40g

Recipe

1 건재료(박력분+카카오파우더)는 체쳐 놓는다.

2 '버터+슈거파우더+건재료'를 볼에 모두 넣고 반죽 커터기로 다지듯이 섞
어 크럼블을 만든다. 팬에 크럼블을 3mm 두께로 깔고 예열된 오븐에 15
분간 초벌구이한다.

3 초벌구이한 초코쿠키 위에 라즈베리잼을 바르고 그 위에 초콜릿을 뿌린
다.

4 머랭(p.41 참조)을 만든 후 아몬드가루를 가볍게 섞는다.

5 3 위에 머랭을 풍부하게 깔고 그 위에 아몬드슬라이스를 뿌린 후 굽는다.

6 완전히 식은 후 자른다.

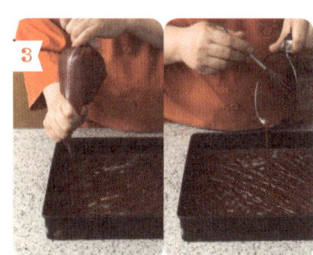

리치 & 맥스 쿠키

149

Chunky&Nutty
Cookies

Part 5

청키&너티 쿠키

거친 표현의 자연스러움과 풍부한 넛류의 만남

Chocolate Nut
Cookies

크기
지름 6cm
분량
21~25개
예열 온도
175℃
굽는 시간
11분

초코넛 쿠키

초콜릿과 호두가 듬뿍 들어간 영양 간식

Ready

준비물

오븐팬, 손거품기, 아이스크림 스쿱, 고무주걱, 깊은 중간 볼, 저울, 굵은 체, 식힘망

재료

유기농 중력분 …… 110g

베이킹파우더 …… 4g

우유버터 …… 80g

유기농설탕 …… 60g

소금 ……조금

달걀 …… 1½개

바닐라익스트랙 …… 3g

호두 …… 40g

다크초콜릿(덩어리를 자른 것) ……
　100g

Recipe

1 건재료(중력분+베이킹파우더)는 체쳐 놓는다.

2 '버터+설탕+소금'을 거품기로 잘 섞고 달걀을 한 개씩 넣어 분리되지 않도록 크림 상태로 만든다. 마지막으로 바닐라익스트랙을 넣는다.

3 크림 상태의 2에 1을 섞어 부드러운 반죽을 만들고 마지막에 호두와 다크초콜릿을 넣어 고루 섞는다.

4 아이스크림 스쿱으로 한 스쿱씩 떠서 오븐팬에 놓고 반죽을 살짝 눌러준 후 노릇하게 굽는다.

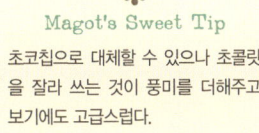

Magot's Sweet Tip

초코칩으로 대체할 수 있으나 초콜릿을 잘라 쓰는 것이 풍미를 더해주고 보기에도 고급스럽다.

153

Oatmeal Coconut
Cookies

크기
지름 5~6cm
분량
20~25개
예열 온도
175℃
굽는 시간
11분

오트밀 코코넛 쿠키

섬유질이 풍부한 오트밀에 고소한 호두가 들어가 씹는 맛이 일품인 쿠키

Ready

준비물

오븐팬, 손거품기, 아이스크림 스쿱, 고무주걱, 깊은 중간 볼, 저울, 굵은 체, 식힘망

재료

유기농중력분 …… 130g

베이킹소다 …… 2g

베이킹파우더 …… 2g

유기농오트밀 …… 130g

우유버터 …… 110g

유기농설탕 …… 100g

달걀 …… 1개

바닐라익스트랙 …… 4g

호두 …… 70g

초코칩 …… 30g

코코넛체 …… 50g

Recipe

1 건재료(중력분+베이킹소다+베이킹파우더)는 체친 후 오트밀을 섞어 놓는다.

2 '버터+설탕'을 거품기로 잘 섞고 달걀을 넣어 분리되지 않도록 크림 상태로 만든다. 마지막으로 바닐라익스트랙을 넣어 잘 섞는다.

3 크림 상태의 2에 1과 초콜릿, 호두를 넣어 부드러운 반죽을 만든다.

4 아이스크림 스쿱으로 한 스쿱씩 떠서 오븐팬에 놓고 반죽을 지름 5cm가 되도록 눌러준 다음 그 위에 코코넛을 뿌리고 노릇하게 굽는다.

청키&너티 쿠키

Florentin

크기
5×5cm

분량
25개

예열 온도
180℃

굽는 시간
17~20분

플로랑탱

아몬드의 고소함이 가득한 진한 쿠키

Ready

준비물

사각 오븐팬(25×25cm), 손거품기. 냄비, 나무주걱, 깊은 중간 볼, 저울, 굵은 체, 식힘망

재료

크러스트

유기농박력분 …… 125g

우유버터 …… 70g

유기농 슈거파우더(설탕을 글라인더에 갈아 쓴다.) …… 50g

달걀 …… 1/2개

필링

생크림 …… 40g

꿀 …… 50g

유기농설탕 …… 50g

우유버터 …… 70g

아몬드슬라이스 …… 80g

럼 …… 3g

Recipe

1 건재료(박력분)는 체쳐 놓는다.

2 '버터+슈거파우더+달걀'을 모두 같이 넣고 크림화시킨다.

3 크림화된 2에 1을 넣고 하나로 뭉쳐지도록 반죽하고 냉장실에서 30분간 휴지시킨다.

4 휴지시킨 반죽을 밀대로 3mm 두께로 오븐팬에 맞게 밀고, 포크로 가스 구멍을 낸 후 9분간 초벌구이한다.

5 냄비에 '생크림+꿀+설탕'을 넣고 부글부글 끓으면 버터를 넣어 녹인다.

6 아몬드와 럼을 넣어 약간 졸이듯 나무주걱으로 저으며 수분을 날려준다.

7 구워진 쿠키 위에 필링을 고루 펴고 노릇하게 굽는다.

Peanut Cookies

크기
5~6cm

분량
20~25개

예열 온도
175℃

굽는 시간
9~11 분

피넛 쿠키

절묘하게 입안을 자극하는 땅콩의 고소함이 살아있는 쿠키

Ready

준비물

오븐팬, 손거품기, 고무주걱, 아이스크림 스쿱, 중간 볼, 저울, 굵은 체, 식힘망, 포크

재료

유기농박력분 …… 140g

베이킹소다 …… 5g

우유버터 …… 80g

땅콩버터 …… 70g

유기농설탕 …… 100g

소금 …… 조금

달걀 …… 1½개

바닐라익스트랙 …… 3g

Recipe

1 건재료(박력분+베이킹소다)는 체쳐 놓는다.

2 '우유버터+땅콩버터+설탕+소금'을 거품기로 잘 섞고 달걀을 넣어 분리되지 않도록 크림 상태로 만든다. 마지막으로 바닐라익스트랙을 넣어 잘 섞는다.

3 크림 상태의 2에 1을 섞어 부드러운 반죽을 만들고, 실온에서 10분간 휴지시킨다. 이때 너무 오래 휴지시키지 않는다.

4 아이스크림 스쿱으로 한 스쿱씩 오븐팬에 올린 후 포크로 윗면을 십자 형태로 눌러 굽는다.

Fruit Chocolate Cookies

크기
5~6cm
분량
27~30개
예열 온도
175℃
굽는 시간
12분

푸르트 초코 쿠키

쫀득한 과류에 풍미를 더해주는 초콜릿 맛 쿠키

Ready

준비물

오븐팬, 손거품기, 아이스크림 스쿱, 고무주걱, 깊은 중간 볼, 저울, 굵은 체, 식힘망

재료

유기농박력분 …… 120g

베이킹소다 …… 4g

카카오파우더 …… 40g

우유버터 …… 140g

유기농 슈거파우더(설탕을 글라인더에 갈아 쓴다.) …… 90g

유기농설탕 …… 80g

소금 …… 조금

달걀 …… 1개

바닐라익스트랙 …… 3g

건크랜베리, 건망고, 건파인애플(섞은 것) …… 70g

통살구(말린 것) …… 25~30개

*말린 과류들은 건크랜베리 크기에 맞춰 자른다.

Recipe

1 건재료(박력분+베이킹소다+카카오파우더)는 체쳐 놓는다.

2 '버터+슈거파우더+설탕+소금'을 거품기로 잘 섞고 달걀을 넣어 분리되지 않도록 크림 상태로 만든다. 마지막으로 바닐라익스트랙을 넣는다.

3 크림 상태의 2에 1을 섞어 부드러운 반죽을 만들고 마지막에 자른 과류를 넣어 가볍게 고루 섞는다.

4 아이스크림 스쿱으로 한 스쿱씩 떠서 오븐팬에 놓고 반죽 위에 살구를 올려 살짝 눌러준 후 노릇하게 굽는다.

쿠키 티&쿠키 쿠키

161

Pumpkin Pecan Yuzu Cookies

호박 피칸 유자 쿠키

Pineapple White Chocolate Chunk Cookies

파인애플 화이트초콜릿 청크 쿠키

크기
지름 4cm
분량
20~25개
예열 온도
175℃
굽는 시간
11분

호박 피칸 유자 쿠키

호박과 유자의 절묘한 달콤함이 고소한 피칸으로 마무리되는 건강 쿠키

Ready

준비물

오븐팬, 중간 볼, 저울, 손거품기, 굵은 체, 식힘망, 고무주걱, 계량스푼

재료

유기농박력분 …… 150g

아몬드분말 …… 60g

우유버터 …… 125g

유기농 슈거파우더(설탕을 글라인더에 갈아 쓴다.) …… 50g

바닐라익스트랙 …… 3g

유자청 …… 60g

삶은 단호박(다진 것) …… 60g

생크림 …… 20g

피칸(다진 것) …… 100g

Recipe

1 건재료(박력분+아몬드분말)는 체쳐 놓는다.

2 '삶은 단호박+생크림+유자청'을 섞어 놓는다.

3 '버터+슈거파우더'를 거품기로 잘 섞어 크림 상태로 만들고 마지막으로 바닐라익스트랙을 넣는다.

4 크림 상태의 3에 1을 넣고 질감이 부드러워질 때까지 한 덩어리가 되도록 잘 섞은 다음 냉장실에서 30분간 휴지시킨다.

5 반죽을 20g으로 분할하여 동그랗게 만든 후 손바닥으로 눌러 납작한 원형으로 만든다.

6 분할한 반죽에 피칸을 눌러 붙이고, 가운데를 계량스푼으로 눌러준 후 오븐팬에 놓고 굽는다.

7 구운 쿠키가 식으면 섞어놓은 단호박을 가운데에 소복하게 올린다.

파인애플 화이트초콜릿 청크 쿠키

쫀득한 식감의 달콤한 파인애플을 바삭한 쿠키에 넣어 입안을 지루하지 않게 해주는 쿠키

크기
지름 5cm

분량
20~25개

예열 온도
175℃

굽는 시간
11분

Ready

준비물

오븐팬, 아이스크림 스쿱, 굵은 체, 중간
볼, 저울, 고무주걱, 손거품기

재료

유기농박력분 …… 130g

카카오파우더 …… 30g

베이킹파우더 …… 6g

우유버터 …… 125g

유기농설탕 …… 160g

소금 ……조금

달걀 …… 2개

바닐라익스트랙 …… 3g

화이트초콜릿 청크 …… 100g

건파인애플(럼에 재운 것) …… 80g

Recipe

1 건재료(박력분+베이킹파우더+카카오파우더)는 체쳐 놓는다.

2 '버터+설탕+소금'을 거품기로 잘 섞고 달걀을 한 개씩 넣어 분리되지 않
도록 크림 상태로 만든다. 마지막으로 바닐라익스트랙을 넣는다.

3 크림 상태의 2에 1을 섞어 부드러운 반죽을 만들고, 마지막에 럼에 재운
파인애플 1/2과 화이트초콜릿 청크를 섞는다.

4 아이스크림 스쿱으로 한 스쿱씩 떠서 오븐팬에 놓고 반죽을 살짝 눌러준
후 그 위에 나머지 럼에 재운 파인애플을 올려 노릇하게 굽는다.

✽ Magot's Sweet Tip

잘게 썬 파인애플을 원통형 그릇에 담
고 내용물의 80% 정도만 물을 붓고
나머지 20%는 럼을 부어 내용물이 잠
기도록 하면 된다.

청키&너티 쿠키

피칸 딸기 쿠키

고소한 피칸과 달지 않게 조린 딸기잼의 절묘한 조화

준비물

오븐팬, 중간 볼, 저울, 손거품기, 굵은
체, 고무주걱, 식힘망, 계량스푼

재료

유기농박력분 ······ 150g
아몬드분말 ······ 60g
우유버터 ······ 125g
유기농 슈거파우더(설탕을 글라인더에
    갈아 쓴다.) ······ 50g
바닐라익스트랙 ······ 3g
유자청 ······ 60g
삶은 단호박(다진 것) ······ 30g
생크림 ······ 20g
피칸(다진 것) ······ 100g
딸기잼 ······ 50g

Pecan Strawberry Cookies

크기
지름 4cm
분량
20~25개
예열 온도
175℃
굽는 시간
11분

Recipe

호박 피칸 유자 쿠키와 같고, 위에 올리는 토핑만 다르다(만드는 법
(p.164) 참조)

1 건재료(박력분+아몬드분말)는 체쳐 놓는다.

2 '삶은 단호박+생크림+유자청'을 섞어 놓는다.

3 '버터+슈거파우더'를 거품기로 잘 섞어 크림 상태로 만들고 마지막
   으로 바닐라익스트랙을 넣는다.

4 크림 상태의 3에 1을 넣고 질감이 부드러워질 때까지 한 덩어리가
   되도록 잘 섞은 다음 냉장실에서 30분간 휴지시킨다.

5 반죽을 20g으로 분할하여 동그랗게 만든 후 손바닥으로 눌러 납작
   한 원형으로 만든다.

6 분할한 반죽에 피칸을 눌러 붙이고, 가운데를 계량스푼으로 눌러준
   후 오븐팬에 놓고 굽는다.

7 다 구워지면 쿠키의 오목한 가운데에 딸기잼을 올린다.

쳥키&버티 쿠키

Lemon Macadamia Cookies

크기 지름
5cm
분량
23~25개
예열 온도
175℃
굽는 시간
11~13분

레몬 마카다미아 쿠키

고급스러운 향의 헤이즐넛에 레몬향이 너무도 잘 어울리는 부드러운 쿠키

Ready

준비물

오븐팬, 굵은 체, 중간 볼, 저울, 고무주걱,
식힘망, 핸드믹서기, 아이스크림 스쿱

재료

유기농박력분 …… 150g
베이킹소다 …… 3g
우유버터 …… 70g
크림치즈 …… 60g
유기농설탕 …… 90g
유기농슈거파우더(설탕을 글라인더에
　갈아 쓴다.) …… 50g
소금 …… 조금
달걀 …… 1개
레몬주스 …… 5g
레몬 제스트 …… 1/2개분
마카다미아 넛 …… 60g

Recipe

1 건재료(박력분+베이킹소다)는 체쳐 놓는다.

2 '버터+크림치즈+설탕+슈거파우더+소금'을 거품기로 잘 섞고 달걀을 넣
어 분리되지 않도록 크림 상태로 만든다. 마지막으로 '레몬주스+레몬 제
스트'를 넣어 섞는다.

3 크림 상태의 2에 1을 섞어 부드러운 반죽을 만들고 마지막에 마카다미아
를 넣고 가볍게 섞는다.

4 아이스크림 스쿱으로 한 스쿱씩 떠서 오븐팬에 놓고 반죽을 살짝 눌러준
후 노릇하게 굽는다.

정기&너티 쿠키

White Chocolate Biscotti

화이트초콜릿 비스코티

Chocolate Pistachio Biscotti

초콜릿 피스타치오 비스코티

화이트초콜릿 비스코티

바삭한 질감에 풍미가 좋은 화이트초콜릿이 듬뿍 들어 기분 좋아지는 쿠키

크기
3×7cm

분량
10~15개

예열 온도
1차:175℃ / 2차:180℃

굽는 시간
1차:25분 / 2차:10분

Ready

준비물

오븐팬, 손거품기, 중간 볼, 굵은 체, 고무주걱, 저울, 톱칼

재료

유기농박력분 …… 200g

베이킹파우더 …… 5g

넛맥 …… 3g

옥수수가루 …… 50g

우유버터 …… 50g

유기농 슈거파우더(설탕을 그라인더에 갈아 쓴다.) …… 80g

달걀 …… 1개

월넛 오일 …… 4g

화이트초콜릿 청크(판초콜릿 다진 것) …… 100g

Recipe

1 건재료(박력분+베이킹파우더+넛맥)는 체치고 옥수수가루를 섞는다.

2 '버터+슈거파우더'를 거품기로 잘 섞고 달걀을 넣어 분리되지 않도록 크림 상태로 만든 다음 마지막으로 월넛 오일을 넣는다.

3 크림 상태의 2에 1을 섞어 부드러운 반죽을 만들고 마지막에 화이트초콜릿 청크를 넣어 고루 섞은 다음 냉장실에서 30분간 휴지시킨다.

4 반죽이 어느 정도 굳으면 폭이 5cm 정도 되도록 길게 성형한다.

5 성형된 쿠키를 30분간 굽고 식힌 후 1cm 정도 두께로 톱칼을 이용해 사선으로 자른다.

6 자른 쿠키를 오븐팬에 다시 올리고 10분간 더 굽는다.

✱ Magot's Sweet Tip

1차로 구워낸 쿠키는 완전히 식힌 후 자르는 것이 포인트이다. 완전히 식히지 않고 자르면 부스러진다.

초콜릿 피스타치오 비스코티

바삭한 비스코티에 피스타치오의 고소함을 더한 쿠키

크기	3x7cm
분량	10~15개
예열 온도	1차: 175℃ / 2차: 180℃
굽는 시간	1차: 25분 / 2차: 10분

Ready

준비물

오븐팬, 손거품기, 중간 볼, 굵은 체, 고무주걱, 저울, 톱칼

재료

유기농박력분 ······ 200g
베이킹파우더 ······ 9g
넛맥 ······ 1g
옥수수가루 ······ 70g
우유버터 ······ 55g
유기농설탕 ······ 100g
소금 ······ 조금
달걀 ······ 1개
오렌지 제스트 ······ 5g
아몬드슬라이스 ······ 50g
피스타치오 ······ 50g

Recipe

1 건재료(박력분+베이킹파우더+넛맥)는 체치고 옥수수가루를 섞는다.

2 '버터+설탕+소금'을 거품기로 잘 섞고 달걀을 넣어 분리되지 않도록 크림 상태로 만든 다음 마지막으로 오렌지 제스트를 넣는다.

3 크림 상태의 2에 1을 섞어 부드러운 반죽을 만들고 마지막에 아몬드와 피스타치오를 넣어 고루 섞은 다음 냉장실에서 30분간 휴지시킨다.

4 반죽이 어느 정도 굳으면 폭이 5cm 정도 되도록 길게 성형한다.

5 성형된 쿠키를 25분간 굽고 완전히 식힌 후 1cm 정도 두께로 톱칼을 이용해 사선으로 자른다.

6 자른 쿠키를 오븐팬에 다시 올리고 10분간 더 굽는다.

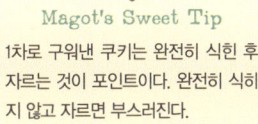

✱ Magot's Sweet Tip

1차로 구워낸 쿠키는 완전히 식힌 후 자르는 것이 포인트이다. 완전히 식히지 않고 자르면 부스러진다.

쿠키&너티 쿠키

모카 비스코티

바삭하면서 커피향이 가득한 쿠키

Ready

준비물

오븐팬, 손거품기, 중간 볼, 굵은 체, 고무주걱, 저울, 톱칼

재료

유기농박력분 …… 260g
베이킹파우더 …… 5g
넛맥 …… 2g
우유버터 …… 70g
유기농설탕 …… 80g
소금 …… 조금
달걀 …… 1개
원두커피가루 …… 20g
우유 …… 10g

Recipe

1 건재료(박력분+베이킹파우더+넛맥)는 체치고 원두커피를 섞어 놓는다.

2 '버터+설탕+소금'을 거품기로 잘 섞고 달걀을 넣어 분리되지 않도록 크림 상태로 만든 다음 마지막으로 녹인 원두커피가루를 넣는다.

3 크림 상태의 2에 1을 섞어 부드러운 반죽을 만든 다음 냉장실에서 30분간 휴지시킨다.

4 반죽이 어느 정도 굳으면 폭이 5cm 정도 되도록 길게 성형한다.

5 성형된 쿠키를 30분간 굽고 식힌 후 1cm 정도 두께로 톱칼을 이용해 사선으로 자른다.

6 자른 쿠키를 오븐팬에 다시 올리고 10분간 더 굽는다.

Mocha Biscotti

✳ Magot's Sweet Tip

1차로 구워낸 쿠키는 완전히 식힌 후 자르는 것이 포인트이다. 완전히 식히지 않고 자르면 부스러진다.

크기
3x7cm

분량
10~15개

예열 온도
1차: 175℃ / 2차: 180℃

굽는 시간
1차: 25분 / 2차: 10분

Milk Cookies

크기
지름 4cm

분량
25~30개

예열 온도
180℃

굽는 시간
12분

밀크 쿠키

진한 우유맛이 가득해 아이들이 좋아하는 쿠키

Ready

준비물

오븐팬, 손거품기, 고무주걱, 중간 볼, 저울, 굵은 체, 밀대, 원형 쿠키 커터기 (지름 4cm), 스크래퍼

재료

유기농박력분 …… 210g

베이킹파우더 …… 5g

우유버터(굳은 버터) …… 80g

소금 …… 조금

생크림 …… 55g

굵은 설탕 …… 조금(반죽 윗면에 뿌릴 양)

Recipe

1 건재료(박력분+베이킹파우더)는 체쳐 놓는다.

2 '굳은 버터+소금'을 스크래퍼로 다지듯 소보로 느낌이 나도록 보슬하게 반죽한다. 마지막에 생크림을 넣고 가볍게 한 덩어리가 되도록 뭉쳐준 다음 냉장실에서 30분간 휴지시킨다.

3 반죽을 5mm 두께로 밀고 원형 쿠키 커터기로 자른다.

4 자른 반죽 위에 생크림을 바르고 설탕을 반죽에 찍어 오븐팬에 놓고 굽는다.

청기&너티 쿠키

Chocolate Cranberry Cookies

크기
지름 5cm

분량
20~25개

예열 온도
175℃

굽는 시간
11~13분

초코 크랜베리 쿠키

초콜릿의 진한 맛과 크랜베리의 달콤한 맛이 절묘하게 어우러진 바삭한 쿠키

Ready

준비물

오븐팬, 굵은 체, 중간 볼, 저울, 손거품기, 고무주걱, 아이스크림 스쿱, 식힘망

재료

유기농박력분 …… 140g
베이킹파우더 …… 3g
카카오파우더 …… 70g
우유버터 …… 105g
유기농설탕 …… 110g
달걀 …… 2개
바닐라익스트랙 …… 5g
크랜베리 …… 60g
밀크초콜릿 …… 140g

글레이즈

우유 …… 28g
유기농 슈거파우더(설탕을 글라인더에
　갈아 쓴다.) …… 90g
레몬즙 …… 3g

Recipe

1 건재료(박력분+베이킹파우더+카카오파우더)는 체쳐 놓는다.

2 '버터+설탕'을 거품기로 섞은 후 달걀을 한 개씩 넣어 크림 상태로 만든 후 바닐라익스트랙을 넣고 마무리한다.

3 크림 상태의 2에 1을 넣고 가볍게 섞은 후 마지막에 크랜베리와 다진 밀크초콜릿을 넣고 냉장실에서 30분간 휴지시킨다.

4 휴지된 반죽을 한 스쿱씩 오븐팬에 올리고 편 후 크랜베리를 위에 뿌려 굽는다.

5 구워 식힌 쿠키 위에 글레이즈를 지그재그로 흘린다.

✳
Magot's Sweet Tip
글레이즈 만들기
'슈거파우더+우유'를 섞어 주르륵 흐
를 정도의 농도로 맞춘 다음 레몬즙을
넣어 마무리한다.

청가(&나티 쿠키

Ginger Snap Cookies

진저 스냅 쿠키

크루아상 모양처럼 말아 올린 모양으로 안에 달콤한 필링이 매력적인 쿠키

크기
3x5cm

분량
16개

예열 온도
175℃

굽는 시간
12~15분

Ready

준비물

오븐팬, 손거품기, 밀대, 고무주걱, 피자 롤 커터기, 중간 볼, 저울, 굵은 체, 붓, 식힘망, 원형 쿠키 커터기(지름 20cm)

재료

페스트리

유기농박력분 …… 180g

유기농설탕 …… 30g

소금 조금

우유버터(굳은 버터를 깍둑썰기 해놓는 다.) …… 100g

물 …… 15g

토핑

유기농설탕 …… 80g

비정제설탕 …… 50g

생강가루 …… 3g

후추 …… 조금

유기농 슈거파우더(설탕은 글라인더에 갈아 쓴다.) …… 100g

소금 …… 조금

시나몬 …… 2g

넛맥 …… 1g

올스파이스 …… 1g

물 …… 50g

Recipe

페스트리

1 건재료(박력분)는 체쳐 놓는다.

2 1에 '썰어 놓은 버터+설탕+소금'을 넣고 손으로 자르듯 보슬보슬 반죽을 한다(이때 버터가 굳이 다 섞이지 않아도 된다.). 마지막에 물을 붓고 살살 반죽하여 한 덩어리로 뭉치고 냉장실에서 1시간 동안 휴지시킨다.

3 반죽을 파이를 밀듯이 3단 접이로 두 번 밀대로 민 후 넓게 펴고 원형 쿠키 커터기로 자른다.

토핑

1 토핑의 모든 재료를 물과 함께 섞어 놓는다.

2 밀어 놓은 페스트리 위에 토핑을 펴 바른다.

3 피자 롤 커터기로 8등분한다.

4 긴 삼각형 형태의 반죽을 크루아상 형태로 말아 올려 모양을 만든 후 오븐에 넣고 굽는다.

Pine Nut Cookies

크기
지름 4cm

분량
20~25개

예열 온도
175℃

굽는 시간
10분

찻 쿠키

아몬드와 잣의 고소함이 결합하여 입안에서 진한 향이 가득한 고급 쿠키

Ready

준비물

오븐팬, 손거품기, 고무주걱, 중간 볼,
저울, 굵은 체

재료

유기농박력분 …… 100g
베이킹파우더 …… 3g
아몬드페이스트 …… 60g
바닐라익스트랙 …… 3g
슈거파우더 …… 100g
달걀 …… 1개
소금 …… 조금
잣 …… 100g

아몬드 페이스트

아몬드 …… 100g
유기농설탕 …… 60g
꿀 …… 40g
우유 …… 20g

Recipe

쿠키

1 건재료(박력분+베이킹파우더)는 체쳐 놓는다.

2 아몬드 페이스트에 '달걀+소금+슈거파우더'를 넣고 섞은 후 마지막에 바닐라익스트랙을 넣어 마무리한다.

3 2에 1을 가볍게 섞어 끈적임이 있는 반죽을 만들고 잣 70g을 넣어 마무리한 다음 실온에서 30분간 휴지시킨다.

4 휴지된 반죽을 손으로 한 덩어리씩 떼어내어 오븐팬에 올리고 남은 잣을 반죽 위에 올려 굽는다.

5 달콤한 글레이즈를 완성된 쿠키 위에 뿌린다(글레이즈 만드는 법(p.125) 참조).

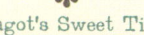

Magot's Sweet Tip

아몬드 페이스트(마지팬) 만들기
아몬드에 '설탕+꿀+우유'를 넣어 함께 반죽하여 사용하면 된다. 레시피에 따라 여러 형태의 페이스트를 만들 수 있다.

Coconut Clouds

크기
지름 2.5cm
분량
30~35개
예열 온도
160℃
굽는 시간
20분

코코넛 클라우드

고소함의 대명사! 너무나 고소한 맛에 손이 계속 가는 쿠키

Ready

준비물

오븐팬, 테프론지, 핸드믹서기, 깊은 볼,
고무주걱

재료

달걀흰자 …… 3개
슈거파우더 …… 185g
타르타르크림 …… 3g
소금 …… 조금
바닐라익스트랙 …… 3g
코코넛체 …… 200g
다크초콜릿(녹여 놓는다.) …… 50g

Recipe

쿠키

1 달걀흰자에 '슈거파우더+타르타르크림'을 넣고 단단한 머랭을 만든 후
　 마지막에 바닐라익스트랙을 넣는다. 그릇을 거꾸로 들어 반죽이 떨어지
　 지 않으면 된다(머랭 만드는 법(p.41) 참조).

2 머랭에 코코넛체를 골고루 섞는다.

3 팬에 반죽을 원뿔형으로 밑바닥 지름이 4cm가 되도록 산 모양을 만든다.
　 반죽은 부풀지 않으므로 간격을 가깝게 놓고 구워도 된다.

4 쿠키가 완전히 식으면 녹인 초콜릿을 쿠키 밑바닥에 묻혀 굳힌다.

Banana Walnut Chocolate Cookies

크기
지름 6cm

분량
20~25개

예열 온도
175°C

굽는 시간
11분

바나나 월넛 초코 쿠키

바나나의 부드럽고 달콤한 맛과 호두의 고소한 맛이 입안을 행복하게 해주는 쿠키

Ready

준비물
오븐팬, 굵은 체, 중간 볼, 저울, 고무주걱, 아이스크림 스쿱, 식힘망

재료
유기농박력분 …… 80g
호두분말 …… 50g
베이킹소다 …… 3g
오트밀 …… 80g
우유버터 …… 35g
유기농설탕 …… 50g
슈거파우더 …… 20g
소금 …… 조금
달걀 …… 1개
바닐라익스트랙 …… 3g
바나나(다진 것) …… 80g
건바나나(다진 것) …… 70g
호두분태 …… 50g
초콜릿 청크 …… 50g

Recipe

1 건재료(박력분+호두분말+베이킹소다)는 체친 후 오트밀을 섞어 놓는다.

2 '버터+설탕+슈거파우더+소금'을 잘 섞은 후 달걀을 넣어 크림 상태가 되면 마지막에 바닐라익스트랙을 넣는다.

3 크림 상태의 2에 1을 가볍게 섞고 마지막에 다진 바나나와 '건바나나+호두분태+초콜릿 청크'를 섞고 완성한 다음 냉동실에서 30분간 휴지시킨다.

4 반죽을 한 스쿱씩 팬에 올리고 위를 눌러준 후 굽는다.

Butter Rum Cookies

크기
지름 4cm

분량
20~25개

예열 온도
175℃

굽는 시간
10분

버터 럼 쿠키

진한 버터향에 럼향이 깔끔한 맛을 더해주는 쿠키

Ready

준비물

오븐팬, 굵은 체, 중간 볼, 저울, 고무주걱, 핸드믹서기, 유산지

재료

유기농박력분 …… 240g

전분 …… 28g

시나몬가루 …… 28g

넛맥 …… 2g

우유버터 …… 170g

유기농설탕 …… 200g

소금 …… 조금

럼 …… 20g

바닐라익스트랙 …… 3g

유기농 슈거파우더 …… 조금(마지막
　　토핑용 설탕)

Recipe

1 건재료(박력분+전분+시나몬가루+넛맥)는 체쳐 놓는다.

2 '버터+설탕+소금'을 잘 섞은 후 크림 상태가 되면 마지막에 럼과 바닐라
익스트랙을 넣어 마무리한다.

3 크림 상태의 2에 1을 가볍게 섞어 한 덩어리로 만들고 냉장실에서 30분
간 휴지시킨다.

4 굳은 반죽을 지름 3cm 원통형으로 굴린 후 유산지에 싸서 냉동실에서 딱
딱하게 굳인 후 4mm 두께로 자른다.

5 오븐에 구워 식힌 후 슈거파우더에 쿠키를 완전히 묻혀 완성한다.

Cakey&Tender
Cookies

Part 6

케이크&텐더 쿠키

진한 맛에 부드러움이 가득한 멋스러운 쿠키

Honey Madeleines

| 크기 |
| 마들렌 틀 |
| 분량 |
| 12개 |
| 예열 온도 |
| 175℃ |
| 굽는 시간 |
| 15분 |

허니 마들렌
달콤하고 부드러워 아이들 간식으로 좋은 쿠키

Ready

준비물
마들렌 틀, 핸드믹서기, 냄비, 고무주걱,
중간 볼, 저울, 고운 체

재료
유기농중력분 …… 70g
베이킹파우더 …… 3g
아몬드가루 …… 40g
우유버터 …… 100g
달걀 …… 100g
유기농설탕 …… 80g
꿀 …… 20g
레몬즙 …… 1/2개분

Recipe

1 건재료(중력분+베이킹파우더+아몬드가루)는 체쳐 놓는다.

2 버터를 중불에 갈색이 나도록 끓이면 버터향이 좋아진다.

3 달걀에 설탕과 꿀을 넣고 완전히 섞고 마지막에 레몬즙을 넣어 부드러운
  상태를 만든다.

4 3에 1을 넣어 걸죽하게 섞는다.

5 냉장고에서 1시간 이상 휴지시킨 다음 마지막으로 버터를 넣고 완전히 섞
  이면 반죽이 완성된다.

6 반죽을 마들렌 틀에 80% 정도 붓고 갈색이 나도록 굽는다.

케이크&쿠키

Churros

츄러스

시나몬향이 풍미를 더하는 바삭한 맛이 일품인 쿠키

크기
지름 6cm 자유 형태

분량
20~25개

예열 온도
180℃

튀기는 시간
2~5분

Ready

준비물
핸드믹서기(또는 손거품기), 짤주머니,
별깍지, 나무주걱, 저울, 굵은 체

재료

슈 반죽
유기농박력분 …… 100g
콘밀 …… 50g
베이킹파우더 …… 3g
우유버터 …… 95g
물 …… 100g
우유 …… 40g
달걀 …… 3개

토핑
설탕+계피 …… 100g+5g(섞어 놓는
　다.)
튀김기름 …… 적당량(반죽을 튀길 때
　사용)

Recipe

1 건재료(박력분+콘밀+베이킹파우더)는 체쳐 놓는다.

2 냄비에 '버터+물+우유'를 넣고 중불에서 끓어오르면 약불로 조절한다.

3 2에 1을 넣고 나무주걱으로 힘차게 저으며 익반죽을 한다.

4 반죽이 하나로 뭉치면 핸드믹서기(또는 손거품기)로 달걀을 하나씩 넣으
　면서 저어준다.

5 반죽은 흘러내리지 않는 부드럽고 걸쭉한 상태면 된다.

6 식으면 짤주머니에 반죽을 넣고 튀김기름의 온도가 180℃가 되면 기름에
　반죽을 직접 짜 넣어 갈색이 나도록 튀긴다.

7 튀겨낸 것을 계피설탕에 묻혀 완성한다.

케이크&핸드 쿠키

Peanut Butter Brownies

피넛버터 브라우니

브라우니의 깊은 맛과 피넛의 고소함이 어우러져 풍부하고 진한 맛의 쿠키

크기
5x5cm
분량
25컷
예열 온도
175℃
굽는 시간
22분 / 뜸들이기 5분

Ready

준비물

사각 오븐팬(25×25cm), 핸드믹서기, 고무주걱, 중간 냄비, 저울, 굵은 체, 유산지

재료

유기농중력분 …… 90g
베이킹파우더 …… 5g
우유버터 …… 140g
다크초콜릿 …… 180g
유기농설탕 …… 100g
소금 …… 2g
피넛버터 …… 50g
달걀 …… 3개
생크림 …… 40g

토핑

피넛버터 …… 110g
우유버터 …… 50g
유기농설탕 …… 50g

Recipe

1 건재료(중력분+베이킹파우더)는 체쳐 놓는다.

2 '버터+다크초콜릿+설탕+소금'을 한 번에 냄비에 넣고 중탕으로 완전히 녹인다.

3 완전히 녹인 2에 피넛버터와 생크림을 넣어 핸드믹서기(중속)로 돌리고, 달걀을 한 개씩 넣으며 부피감을 준다.

4 3에 1을 넣고 완전히 섞는다.

5 사각 오븐팬에 유산지를 깔고 그 위에 반죽을 붓는다. 다 부운 후 판을 탁탁 내려쳐 큰 공기구멍을 없애고 오븐에 굽는다.

토핑

1 피넛버터와 우유버터, 설탕이 녹을 때까지 거품기로 저어 크림 상태로 만든다.

2 브라우니가 식으면 가로로 한 켜를 자르고 크림을 샌드한다. 맨 위에 다시 한 번 크림을 올려준다.

Magot's Sweet Tip

팬에 반죽을 부을 때 사각 오븐팬 모서리부터 반죽을 채워주면 일정한 두께의 브라우니를 만날 수 있다.

케이크&핸드 쿠키

Dark Brownies

크기
5×5cm
분량
25컷
예열 온도
175℃
굽는 시간
22분 / 뜸들이기 5분

다크 브라우니

초콜릿의 진한 맛을 느낄 수 있는 오리지널 브라우니 케이크

Ready

준비물

사각 오븐팬(25×25cm), 핸드믹서기,
고무주걱, 중간 냄비, 저울, 굵은 체, 유
산지

재료

유기농중력분 …… 90g

베이킹파우더 …… 5g

우유버터 …… 140g

다크초콜릿 …… 180g

유기농설탕 …… 100g

소금 …… 2g

카카오파우더(따뜻한 우유 20g에 섞어
　　불려 놓는다.) …… 30g

생크림 …… 40g

달걀 …… 3개

Recipe

1 건재료(중력분+베이킹파우더)는 체쳐 놓는다.

2 '버터+다크초콜릿+설탕+소금'을 한 번에 냄비에 넣고 중탕으로 완전히
　녹인다.

3 완전히 녹인 2에 우유에 불린 카카오파우더와 달걀, 생크림을 넣어 핸드
　믹서기(중속)로 돌리고, 달걀을 한 개씩 넣으며 부피감을 준다.

4 3에 1을 넣고 완전히 섞는다.

5 사각 오븐팬에 유산지를 깔고 그 위에 반죽을 붓는다. 다 부은 후 판을 탁
　탁 내려쳐 큰 공기구멍을 없애고 오븐에 굽는다.

Magot's Sweet Tip

팬에 반죽을 부을 때 사각 오븐팬 모
서리부터 반죽을 채워주면 일정한 두
께의 브라우니를 만날 수 있다.

Cream Cheese Brownies

크림치즈 브라우니

진한 초콜릿에 부드러운 치즈가 어우러져 입안을 행복하게 해주는 케이크

크기	5x5cm
분량	25컷
예열 온도	175℃
굽는 시간	22분/ 뜸들이기 5분

Ready

준비물

사각 오븐팬(25×25cm), 핸드믹서기, 고무주걱, 중간 냄비, 저울, 굵은 체, 유산지, 짤주머니, 원형깍지

재료

유기농박력분 ······ 90g
베이킹파우더 ······ 5g
우유버터 ······ 140g
다크초콜릿 ······ 180g
유기농설탕 ······ 100g
소금 ······ 2g
생크림 ······ 40g
달걀 ······ 3개
크림치즈 ······ 50g
크림치즈+우유+시럽 ······ 50g+40g+
　30g(모두 섞어 부드러운 크림 상태로
　만든다.)

Recipe

1. 건재료(박력분+베이킹파우더)는 체쳐 놓는다.

2 '버터+다크초콜릿+설탕+소금'을 한 번에 냄비에 넣고 중탕으로 완전히 녹인다.

3 완전히 녹인 2에 생크림을 넣어 핸드믹서기(중속)로 돌리고 달걀을 한 개씩 넣으며 부피감을 준다.

4 3에 1을 넣고 완전히 섞는다.

5 사각 오븐팬에 유산지를 깔고 그 위에 반죽을 붓는다. 다 부운 후 판을 탁탁 내려쳐 큰 공기구멍을 없애고 그 위에 크림치즈를 뚝뚝 떼어내어 반죽 속에 감춘다.

6 부드럽게 녹인 크림치즈에 우유와 시럽으로 되직하게 농도를 맞추어 섞는다.

7 깍지를 낀 짤주머니에 '크림치즈+우유+시럽'을 담고 판에 부어 놓은 반죽 위에 사선으로 크림치즈를 그려 놓고, 얇은 막대기를 사용해서 지그재그로 무늬를 넣은 뒤 오븐에 굽는다.

✳ Magot's Sweet Tip
• 팬에 반죽을 부을 때 사각 오븐틀 모서리부터 반죽을 채워주면 일정한 두께의 브라우니를 만들 수 있다.
• 크림치즈의 농도는 뚝뚝 떨어지는 정도가 적당하다.

Pecan Brownies

크기
5x5cm

분량
25컷

예열 온도
175℃

굽는 시간
22분/ 뜸들이기 5분

피칸 브라우니

진한 초콜릿 안에 든 고소한 피칸이 지루한 맛을 없애준다

Ready

준비물

사각 오븐팬(25×25cm), 핸드믹서기, 고무주걱, 중간 냄비, 저울, 굵은 체, 유산지

재료

유기농박력분 …… 80g

베이킹파우더 …… 5g

우유버터 …… 140g

다크초콜릿 …… 180g

유기농설탕 …… 100g

소금 …… 2g

달걀 …… 3개

생크림 …… 40g

피칸(다진 것) …… 40g

Recipe

1 건재료(박력분+베이킹파우더)는 체쳐 놓는다.

2 '버터+다크초콜릿+설탕+소금'을 한 번에 냄비에 넣고 중탕으로 완전히 녹인다.

3 완전히 녹인 2에 생크림을 넣어 핸드믹서기(중속)로 돌리고 달걀을 한 개씩 넣으며 부피감을 준다.

4 3에 1을 넣고 완전히 섞는다.

5 사각 오븐팬에 유산지를 깔고 그 위에 반죽을 붓는다. 다 부은 후 판을 탁탁 내려쳐 큰 공기구멍을 없애준다.

6 반죽 위에 피칸을 골고루 뿌리고 오븐에 굽는다.

❋ Magot's Sweet Tip

팬에 반죽을 부을 때 사각 오븐틀 모서리부터 반죽을 채워주면 일정한 두께의 브라우니를 만날 수 있다.

케이크&핸드 쿠키

203

White Chocolate Brownies

크기
5x5cm

분량
25컷

예열 온도
175℃

굽는 시간
22분/ 뜸들이기 5분

화이트초코 브라우니

화이트초콜릿의 진한 향을 좋아한다면 꼭 추천할 만한 쿠키

Ready

준비물

사각 오븐팬(25×25cm), 핸드믹서기, 고무주걱, 중간 냄비, 저울, 굵은 체, 유산지

재료

유기농박력분 …… 100g
베이킹파우더 …… 5g
우유버터(부드러운 상태) …… 140g
화이트초콜릿(중탕으로 녹인다.) …… 180g
유기농설탕 …… 120g
소금 …… 2g
달걀 …… 3개
생크림 …… 30g
화이트초콜릿(다진 것) …… 50g

Recipe

1 건재료(박력분+베이킹파우더)는 체쳐 놓는다.

2 '버터+설탕+소금'을 섞은 후 달걀을 한 개씩 넣어 크림 상태로 만들고, 마지막에 생크림을 섞어 부드러운 크림을 만들어 놓는다.

3 크림 상태의 2에 녹인 화이트초콜릿을 흘려 가며 완전히 섞은 후 1을 넣고 섞어 부드러운 반죽을 만든다.

4 사각 오븐팬에 유산지를 깔고 반죽을 부어 굽는다.

5 구운 브라우니를 꺼내어 식기 전에 다진 화이트초콜릿을 위에 뿌려준다.

Special
Cookies

Fresh

Part 7

스페셜 쿠키

개성 넘치는 나만의 쿠키

Brownie Pop

크기
3x5cm 반원 형태 틀

분량
18개

예열 온도
175℃

굽는 시간
18분

브라우니 팝

브라우니를 다양한 형태로 구워 재미와 맛을 함께 즐길 수 있는 쿠키

Ready

준비물

반원 형태의 틀, 핸드믹서기, 고무주걱,
깊은 중간 볼, 저울, 굵은 체, 짤주머니,
나무 막대기(18개)

재료

유기농박력분 …… 120g

베이킹파우더 …… 5g

우유버터 …… 140g

다크초콜릿(녹여 놓는다.) …… 90g

카카오파우더(따뜻한 우유 20g에 섞어
　불려 놓는다.) …… 30g

유기농설탕 …… 100g

소금 …… 2g

달걀 …… 3개

생크림 …… 30g

Recipe

1 건재료(박력분+베이킹파우더)는 체쳐 놓는다.

2 '버터+설탕+소금'을 섞고 달걀을 한 개씩 넣어 크림 상태로 만든 후, 생
　크림과 녹인 다크초콜릿, 카카오파우더를 넣어 기본 반죽을 완성한다.

3 2에 1을 가볍게 섞은 후 실온에서 30분 휴지시킨다.

4 짤주머니에 반죽을 담고 틀의 80% 정도 반죽을 짜준다.

5 오븐에 구운 브라우니를 꺼내고 뜨거울 때 나무 막대기를 꽂고 식혀 고정
　시킨다.

6. 완전히 식으면 아이싱한다(아이싱 하는 법(p.00) 참조).

Magot's Sweet Tip
초콜릿 대신 초코칩으로 대체할 수 있
으나 초콜릿을 잘라 쓰는 것이 풍미를
더해주고 보기에도 고급스럽다.

스페셜 쿠키

Mini Cookies

크기
2cm

분량
100개

예열 온도
175℃

굽는 시간
10분

미니 쿠키
아이들에게 인기 만점인 고소한 쿠키

Ready

준비물

오븐팬, 손거품기, 고무주걱, 깊은 중간 볼, 저울, 굵은 체, 밀대, 다양한 모양의 미니 쿠키 커터기

재료

유기농박력분 …… 110g
베이킹파우더 …… 4g
우유버터 …… 75g
유기농설탕 …… 50g
소금 …… 조금
달걀 …… 1개
바닐라익스트랙 …… 3g

Recipe

1 건재료(박력분+베이킹파우더)는 체쳐 놓는다.

2 '버터+설탕+소금'을 거품기로 잘 섞고 달걀을 넣어 분리되지 않도록 크림 상태로 만든다. 마지막으로 바닐라익스트랙을 넣는다.

3 크림 상태의 2에 1을 섞어 부드러운 반죽을 만들고 냉장실에서 30분간 휴지시킨다.

4 알맞게 굳은 반죽에 덧가루를 살짝 뿌리고 밀대를 이용해 3mm 두께로 밀어준다.

5 다양한 모양의 미니 쿠키 커터기로 반죽을 자르고 오븐팬에 올려 갈색이 나도록 굽는다.

✱ Magot's Sweet Tip

반죽은 냉장실 또는 냉동실에서 휴지시킨 후 성형해야 잘된다. 아이싱 쿠키를 하기에 좋은 쿠키로 쿠키 위에 예쁜 그림을 그리기에도 좋다.

211

Butterscotch Pie Cookies

버터스카치 파이 쿠키

넛류를 좋아한다면 풍부한 맛을 느낄 수 있는 쿠키

Ready

준비물

타르트 팬(지름 18cm), 손거품기, 고무
주걱, 중간 볼, 저울, 굵은 체

재료

유기농박력분 …… 120g

베이킹파우더 …… 4g

우유버터 …… 70g

유기농설탕 …… 50g

소금 …… 조금

달걀 …… 1½개

바닐라익스트랙 …… 3g

호두 …… 40g

아몬드슬라이스 …… 30g

초코칩 …… 20g

건포도(럼에 재운 것) …… 20g

Recipe

1 건재료(박력분+베이킹파우더)는 체쳐 놓는다.

2 '버터+설탕+소금'을 거품기로 잘 섞고 달걀을 한 개씩 넣어 분리되지 않
도록 크림 상태로 만든다. 마지막으로 바닐라익스트랙을 넣는다.

3 크림 상태의 2에 1을 섞어 부드러운 반죽을 만들고 냉장실에서 1시간 동
안 휴지시킨다.

4 타르트 팬에 반죽을 7mm 두께로 깔아준다.

5 그 위에 호두, 아몬드슬라이스, 초코칩, 건포도 순으로 고루 펴서 뿌리고
굽는다.

✱

Magot's Sweet Tip

초코칩 대신 초콜릿을 잘라 쓰면 풍미
를 더해주고 보기에도 고급스럽다.

Shot Bread & Freshberry Jam

숏브레드와 생베리잼

버터향의 쿠키에 신선한 생베리를 얹어 먹는 풍부한 맛의 쿠키

Ready

준비물

오븐팬, 손거품기, 고무주걱, 중간 볼,
저울, 굵은 체, 밀대, 원형 쿠키 커터기
(지름 20cm)

재료

유기농박력분 …… 150g

유기농 슈거파우더(설탕을 글라인더에
갈아 쓴다.) …… 15g

우유버터 …… 105g

유기농설탕 …… 30g

소금 …… 조금

레몬즙 …… 약간

생베리잼 …… 적당량

슈거파우더 …… 조금(쿠키 윗면에 뿌
릴 양)

Recipe

1 건재료(박력분+슈거파우더)는 체쳐 놓는다.

2 '버터+설탕+소금'을 거품기로 잘 섞고 크림 상태로 만든다.

3 크림 상태의 2에 1을 섞어 부드러운 반죽을 만들고 냉장실에서 30분간
휴지시킨다.

4 반죽을 밀대로 두께 5mm로 민 다음 지름 20cm 원형 쿠키 커터기로
자른다.

5 반죽 윗면에 커터 자국을 내고 오븐팬에 올려 굽는다.

6 다 구워지면 슈거파우더를 위에 뿌리고 가운데에 생베리잼을 올려 완성
한다.

생베리잼

1 산딸기, 블랙베리, 블루베리 등 원하는 베리류 60%에 설탕 40%를 섞은
다음 레몬을 넣어 재운다.

2 냉장고에서 3~4일간 재운 후 사용하면 된다(중간에 한 번씩 섞어주며 재
운다.).

✻
Magot's Sweet Tip

반죽을 밀 때 사이즈가 크기 때문에
오븐팬 위에서 밀대로 밀어 커팅한 후
바로 구우면 쉽다.

Choux Chocolate ball

슈초코볼

슈초코볼

슈 안에 부드러운 초코 크림이 가득한 쿠키

크기
지름 4cm

분량
30개

예열 온도
175℃

굽는 시간
13~17분

Ready

준비물

오븐팬, 핸드믹서기(또는 손거품기), 저울, 굵은 체, 나무주걱, 냄비, 원형깍지, 짤주머니

재료

슈 반죽

유기농박력분 …… 115g
베이킹파우더 …… 15g
우유버터 …… 95g
물 …… 100g
우유 …… 40g
달걀 …… 2½개

가나슈

다크초콜릿 …… 150g
생크림 …… 100g
시럽 …… 10g
초콜릿(중탕해서 녹인다.) …… 150g

Recipe

1 건재료(박력분+베이킹파우더)는 체쳐 놓는다.

2 냄비에 '버터+물+우유'를 넣고 중불에서 끓어오르면 약불로 조절한다.

3 2에 1을 넣고 나무주걱으로 힘차게 저으며 익반죽을 한다.

4 반죽이 하나로 뭉치면 핸드믹서기로 달걀을 하나씩 넣으면 저어준다. 이 때 반죽 상태는 크림 상태로 너무 흘러내리지 않으면 된다.

5 식으면 짤주머니에 반죽을 넣고 팬에 지름 2~3cm가 되도록 높이 짠다.

6 다 짠 후 오븐에 넣기 전에 분무기로 물을 뿌려 주어 수분이 차게 한 후 굽는다. 2배 이상의 부피가 되면 식힘망에서 완전히 식힌다.

가나슈(초코 마카롱(p.117) 참조)

1 초콜릿은 다져 놓고 생크림의 반은 냄비에서 끓인다.

2 생크림이 끓으면 불에서 내리고 초콜릿을 넣어 잔열로 초콜릿을 녹인다.

3 다 녹으면 거품기로 완전히 섞어 주고 찬 생크림 반을 넣어 부드럽게 생
  크림화시킨다.

4 크림화된 가나슈 크림을 구워놓은 슈 안에 넣는다. 이때 뾰족한 깔때기
  깍지를 이용해서 슈 밑바닥을 뚫어 넣어준다.

5 마지막으로 녹인 초콜릿을 슈 위에 묻혀 굳히면 완성된다.

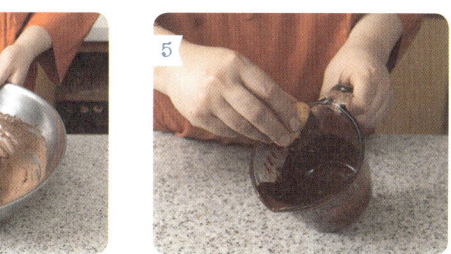

Pekan Pralines

피칸 플라린

얇고 바삭한 식감과 달콤함이 매력적인 쿠키

Ready

준비물

오븐팬, 테프론지, 거품기(또는 핸드믹서기), 나무주걱, 저울, 중간 볼, 굵은 체, 스푼

재료

유기농설탕 …… 180g
유기농 슈거파우더(설탕은 글라인더에
　갈아 쓴다) …… 110g
생크림 …… 200g
우유 …… 50g
아몬드가루 …… 120g
피칸(다진 것) …… 210g
바닐라 페이스트(또는 바닐라익스트랙)
　…… 3g

Recipe

1 중간 볼에 '설탕+슈거파우더+생크림+우유'를 넣고 크림화시킨다.

2 1에 아몬드가루를 넣고 섞는다.

3 마지막으로 피칸 다진 것과 바닐라페이스트(또는 바닐라익스트랙)를 넣어 반죽을 완성한다.

4 테프론지를 깐 오븐팬에 반죽을 큰 스푼으로 오븐팬의 반 정도의 부피로 두께는 5mm 정도가 되도록 깔아준다.

5 오븐에 구우면 쿠키가 2배로 커진다. 식힌 후 자유롭게 자른다.

스페셜 쿠키

Apple Pie Cookies

애플파이 쿠키

바삭한 쿠키와 아삭하고 달콤한 사과가 입안을 자극하는 파이식 쿠키

크기
20x20cm
분량
1개
예열 온도
175℃
굽는 시간
25분

Ready

준비물

타르트 사각팬, 볼, 체, 저울, 고무주걱,
냄비, 밀대

재료

크러스트

유기농중력분 …… 110g
아몬드가루 …… 20g
우유버터 …… 75g
유기농설탕 …… 40g
소금 …… 조금
달걀 …… 1/2개

필링

사과 …… 3개
유기농설탕 …… 90g
레몬즙 …… 10g
계피 …… 3g
건포도 …… 15g
달걀물(달걀노른자 1개분에 물 25g을
　넣고 잘 푼다.) …… 조금

Recipe

크러스트

크러스트 만드는 법(p.48) 참조

1 건재료(중력분+아몬드가루)는 체쳐 놓는다.

필링

1 사과는 작은 깍둑썰기하여 설탕과 함께 냄비에 중불로 졸이고, 마지막에
　레몬즙과 계피를 섞어 마무리한다.

2 휴지시킨 반죽을 밀대로 5mm 두께로 밀고 오븐 팬 전체에 깐다.

3 1차로 175℃에서 10분간 초벌구이한다.

4 초벌구이 한 쿠키 위에 사과 졸인 것을 얇게 깔고 건포도를 뿌린다.

5 나머지 반죽을 밀대로 밀어 폭 1.5cm로 자른 긴 반죽을 여러 개 만든다.

6 커팅한 반죽을 그물 형식으로 조립해서 덮는다.

7 그 위에 달걀물을 붓으로 바르고, 설탕을 뿌려 갈색이 나도록 굽는다.

8 식은 후 칼로 원하는 크기로 자른다.

Icing Cookies

크기
지름 6~7cm

분량
15~20개

예열 온도
175℃

굽는 시간
11분

아이싱 쿠키

바삭한 쿠키 위에 원하는 그림을 그려 특별한 사람에게 선물하기 좋은 이벤트 쿠키

Ready

준비물
오븐팬, 손거품기, 고무주걱, 중간 볼,
저울, 굵은 체, 밀대, 여러 가지 형태의
쿠키 커터기, 일회용 짤주머니

재료

쿠키
유기농중력분 …… 180g
우유버터 …… 105g
유기농 슈거파우더(설탕을 글라인더에
갈아 쓴다) …… 130g
달걀노른자 …… 2개
오렌지필(곱게 다진 것) …… 5g

데코레이션
달걀흰자 …… 1개
유기농 슈거파우더(설탕을 글라인더에
갈아 쓴다) …… 260g

Recipe

쿠키
1 건재료(중력분+베이킹파우더)를 체쳐 놓는다.

2 '버터+슈거파우더'를 거품기로 잘 섞고 달걀노른자를 한 개씩 넣어 분리
되지 않도록 크림 상태로 만든다. 마지막으로 오렌지필을 넣는다.

3 크림 상태의 2에 1을 섞어 부드러운 반죽을 만들고 냉장실에서 30분간
휴지시킨다.

4 반죽을 밀대로 민 다음 원하는 쿠키 커터기 모양으로 잘라 오븐팬에 굽
는다.

데코레이션
1 달걀흰자는 거품기로 거품을 내고 슈거파우더를 넣어 힘차게 섞어 농도
를 맞춘 다음 원하는 천연파우더로 컬러를 만든다.

2 일회용 비닐 짤주머니에 담고 쿠키 위에 원하는 그림을 그리고 실온에서
굳힌다.

Cream Cheese Sprial

크림치즈 스파이럴

쿠키 사이사이에 달콤한 시나몬향이 가득한 매력적인 쿠키

크기
3x5cm
분량
20~25개
예열 온도
175℃
굽는 시간
14~17분

Ready

준비물

오븐팬, 손거품기, 고무주걱, 중간 볼,
저울, 굵은 체, 밀대, 테프론지, 칼

재료

쿠키

유기농박력분 …… 140g

베이킹파우더 …… 4g

우유버터(부드러운 상태) …… 105g

유기농설탕 …… 70g

크림치즈(부드러운 상태) …… 110g

달걀흰자(바를 때 사용) …… 1개

필링

호두 또는 피칸(다진 것) …… 100g

비정제설탕 …… 90g

계피 …… 10g

Recipe

1 '넛류+비정제설탕+계피'를 섞어 놓는다.

2 건재료(박력분+베이킹파우더)는 체쳐 놓는다.

3 '버터+설탕+크림치즈'를 거품기로 잘 섞어 크림 상태로 만든다.

4 크림 상태의 3에 2를 섞어 부드러운 반죽을 만들고 냉장실에서 30분간
   휴지시킨다.

5 휴지시킨 반죽을 테프론지 위에 놓고 밀대로 밀어 편다.

6 반죽 위에 붓으로 달걀흰자를 바르고 그 위에 1을 고루 뿌린다.

7 반죽을 양쪽에서 말아 올려 중심에서 만나도록 한다.

8 냉동실에서 반죽을 굳힌 후 꺼내어 4mm 두께로 잘라 오븐에 넣고 굽는다.

Muffins&Scones
Cookies

Part 8
머핀&스콘 쿠키
촉촉하고 담백한 맛이 일품인 쿠키

Date Palm Scone

야자대추 스콘

대추의 단맛과 고유의 담백한 맛이 잘 어우러지는 스콘

크기
5x7cm 삼각형 모양

분량
6개

예열 온도
180℃

굽는 시간
15~17분

Ready

준비물
오븐팬, 스크래퍼, 중간 볼, 저울, 굵은 체

재료
유기농박력분 …… 280g
베이킹파우더 …… 14g
우유버터 …… 70g
유기농설탕 …… 35g
소금 …… 조금
우유+생크림 …… 15g+40g(섞어놓는
   다.)
야자대추(다진 것) …… 80g
생크림, 설탕 …… 각 조금(반죽 윗면에
   바를 양)

Recipe

1 건재료(박력분+베이킹파우더)는 체친 후 설탕, 소금과 잘 섞어 놓는다.

2 잘 섞인 1에 버터를 넣고 쿠키 커터 스크래퍼로 잘게 자르고, 손으로 비벼 가능한 버터의 큰 덩어리가 남지 않도록 섞는다.

3 2에 섞은 우유와 생크림을 1에 넣어 보슬보슬한 느낌으로 반죽한다.

4 3에 야자대추를 가볍게 섞는다.

5 반죽에 수분이 흡수되면 가볍게 눌러 접듯이 한 덩어리로 만든다.

6 원하는 모양으로 만들고 스크래퍼로 자른 후 윗면에 생크림을 바르고 설 탕을 솔솔 뿌려준 후 오븐에 갈색이 나도록 굽는다.

Pecan Scone

피칸 스콘
담백한 스콘에 고소한 피칸이 잘 어울리는 깔끔한 맛의 스콘

Ready

준비물
오븐팬, 스크래퍼, 중간 볼, 저울, 굵은
체, 원형 쿠키 커터기

재료
유기농박력분 …… 280g
베이킹파우더 …… 12g
우유버터 …… 80g
유기농설탕 …… 50g
소금 …… 조금
우유+생크림 …… 40g+40g(섞어놓는
  다.)
피칸(다진 것) …… 50g
생크림, 설탕 …… 각 조금(반죽 윗면에
  바를 양)

Recipe

1 건재료(박력분+베이킹파우더)는 체친 후 설탕과 잘 섞어 놓는다.

2 잘 섞인 1에 버터를 넣고 쿠키 커터 스크래퍼로 잘게 자르고, 손으로 가능
  한 버터의 덩어리가 남지 않도록 보슬보슬하게 섞는다.

3 2에 생크림과 섞은 우유를 넣고 보슬보슬하게 반죽한다.

4 반죽에 피칸을 뿌려넣고 눌러 접듯이 한 덩어리로 만든다.

5 원하는 모양으로 자른 후 윗면에 생크림을 바르고 설탕을 솔솔 뿌려준 후
  오븐에 갈색이 나도록 굽는다.

Ham Tomato Scone

햄토마토 스콘

건조시킨 토마토의 상큼함이 더욱 풍부한 맛을 느끼게 해주는 스콘

Ready

준비물

오븐팬, 스크래퍼, 중간 볼, 저울, 굵은
체

재료

유기농중력분 …… 260g

베이킹파우더 …… 14g

우유버터 …… 70g

유기농설탕 …… 40g

소금 …… 조금

우유 …… 50g

달걀 …… 1개

바닐라익스트랙 …… 2g

방울토마토(잘라서 오븐에 구워 말린
다.) …… 3개

햄(잘게 썬 것) …… 40g

양파(다져 볶은 것) …… 20g

Recipe

1 방울토마토는 씨를 빼서 잘게 잘라 오븐에 구워 말린다.

2 햄은 잘게 잘라 놓고 양파는 다져서 볶아 놓는다.

3 건재료(중력분+베이킹파우더)는 체친 후 설탕, 소금과 잘 섞어 놓는다.

4 잘 섞인 1에 버터를 넣고 쿠키 커터 스크래퍼로 잘게 자르고, 손으로 가능
한 버터의 덩어리가 남지 않도록 보슬보슬하게 섞는다.

5 4에 섞어놓은 우유를 넣고 보슬보슬하게 가볍게 반죽한다.

6 토마토와 햄, 양파를 넣고 가볍게 섞어준다.

7 반죽을 가볍게 눌러 접어 한 덩어리로 만들고, 원하는 모양으로 분할하여
오븐팬에 올리고 쿠키 윗면에 생크림을 바른 후 갈색이 나도록 굽는다.

커피&스콘 쿠키

235

Cheese Scone

치즈스콘

Bacon Cornmeal Scone
베이컨 콘밀 스콘

치즈 스콘

치즈의 풍부한 맛이 더해진 한 끼 식사로 충분한 스콘

Ready

준비물

오븐팬, 스크래퍼, 중간 볼, 저울, 굵은 체, 원형 쿠키 커터기

재료

유기농박력분 …… 260g

베이킹파우더 …… 10g

우유버터 …… 80g

유기농설탕 …… 40g

소금 …… 조금

우유+생크림 …… 20g+40g(섞어놓는 다.)

파마산치즈(채썬 것) …… 40g

에멘탈치즈 …… 30g

생크림 …… 조금(반죽 윗면에 바를 양)

Recipe

1 파마산치즈를 갈아 놓는다.

2 건재료(박력분+베이킹파우더)는 체친 후 설탕, 파마산치즈를 잘 섞어 놓는다.

3 잘 섞인 2에 버터를 넣고 쿠키 커터 스크래퍼로 잘게 자르고, 손으로 가능한 버터의 덩어리가 남지 않도록 보슬보슬하게 섞는다.

4 3에 생크림과 섞은 우유를 넣고 보슬보슬하게 반죽한다.

5 반죽에 수분이 흡수되면 에멘탈치즈를 뿌리며 반죽을 눌러 접어 한 덩어리로 만든다.

6 반죽 위에 생크림을 바르고 그 위에 파마산치즈를 갈아준 후 쿠키 커터기나 스크래퍼로 원하는 모양으로 잘라 오븐팬에 올려 굽는다.

베이컨 콘밀 스콘

간단한 아침식사 대용으로 좋은 영양덩어리 스콘

Ready

준비물
오븐팬, 스크래퍼, 중간 볼, 저울, 굵은 체

재료
유기농중력분 …… 280g
베이킹파우더 …… 12g
우유버터 …… 75g
유기농설탕 …… 50g
소금 …… 조금
달걀 …… 1개
바닐라익스트랙 …… 3g
우유 …… 50g
콘 …… 50g
베이컨 …… 40g

Recipe

1 '우유+달걀+바닐라익스트랙'을 섞어놓는다.

2 콘은 물기를 빼놓고 베이컨은 1cm 크기로 잘라 볶아서 기름을 빼놓는다.

3 건재료(중력분+베이킹파우더)는 체친 후 '설탕+소금'과 잘 섞어 놓는다.

4 잘 섞인 3에 버터를 넣고 스크래퍼로 잘게 자른다.

5 가능한 버터의 큰 덩어리가 남지 않도록 손으로 보슬보슬 비벼가며 섞는다.

6 5의 재료에 1을 넣고 가볍게 보슬보슬한 느낌으로 섞는다.

7 콘과 베이컨을 6에 섞고 반죽의 수분이 흡수되면 눌러 접듯이 한 덩어리로 만든다.

8 원하는 모양으로 자른 후 윗면에 생크림을 바르고 오븐에 갈색이 나도록 굽는다.

머핀&스콘 쿠키

239

Honey Scone

허니 스콘

달콤하고 담백한 맛이 일품인 대표적인 스콘

Ready

준비물

오븐팬, 스크래퍼, 중간 볼, 저울, 굵은 체

재료

유기농박력분 …… 280g

베이킹파우더 …… 14g

우유버터 …… 90g

유기농설탕 …… 45g

소금 …… 조금

우유+생크림 …… 20g+40g(섞어 놓는다.)

꿀 …… 25g

생크림, 설탕 …… 각 조금(반죽 윗면에 바를 양)

Recipe

1 건재료(박력분+베이킹파우더)는 체친 후 설탕과 잘 섞어 놓는다.

2 잘 섞인 1에 버터를 넣고 쿠키 커터 스크래퍼로 잘게 자르고, 손으로 가능한 버터의 덩어리가 남지 않도록 보슬보슬하게 섞는다.

3 2에 '우유+생크림'을 넣고 꿀을 넣어 손으로 몽글몽글하게 반죽한다.

4 반죽을 가볍게 눌러 접듯이 한 덩어리를 만들고 스크래퍼로 6등분한다.

5 오븐팬에 올리고 윗면에 생크림과 설탕을 솔솔 뿌린 후 오븐에 갈색이 나도록 굽는다.

Chocolate Muffin

초코 머핀

초콜릿의 진한 맛을 느낄 수 있으며 아이들이 좋아하는 간식

크기	머핀틀(대)
분량	10개
예열 온도	175℃
굽는 시간	25~30분

Ready

준비물

머핀틀(대), 중간볼, 가는체, 핸드믹서기, 저울, 고무주걱, 머핀 유산지, 짤주머니

재료

유기농박력분 …… 150g

카카오파우더 …… 50g

베이킹소다 …… 3g

우유버터 …… 100g

유기농설탕 …… 50g

트리몰린(물엿으로 대체 가능) …… 50g

생크림 …… 60g

달걀 …… 2개

달걀노른자 …… 1개

바닐라에센스 …… 3g

초콜릿(청크 또는 다진 초콜릿) …… 70g

Recipe

1 건재료(박력분+카카오파우더+베이킹소다)는 체쳐 놓는다.

2 '버터+설탕+트리몰린'을 섞고 달걀과 노른자를 세 번에 걸쳐 넣으며 잘 섞이도록 크림화시킨다. 생크림을 넣어 부피감 있게 크림화시킨 후 바닐라에센스를 넣고 마무리한다.

3 크림화된 2에 1을 넣고 고무주걱으로 가볍게 완전히 섞는 다음 실온에서 10분간 휴지시킨다.

4 휴지시킨 반죽을 짤주머니에 넣고 머핀틀에 머핀 유산지를 깔고 80% 정도 차오르도록 짤주머니로 짜서 넣어준다.

5 반죽 위에 잘라 놓은 초콜릿을 뿌려주고 그 위에 반죽을 더 짜서 넣어준다.

6 반죽 위에 초콜릿을 뿌리고 예열된 오븐에 굽는다.

7 구워지면 바로 꺼내어 식힘망에 식힌다.

Magot's Sweet Tip

• 구운 다음 식힘망에 식히는 이유는 케이크에 수분이 스며들지 않도록 하기 위해서이다.

• 초콜릿의 진한 맛을 원할 경우 화이트초콜릿을 잘라 반죽 안에 섞어 놓는 방법도 좋다.

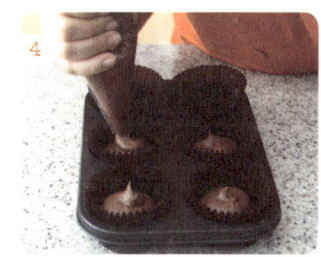

Carrot Muffin

크기 지름
머핀틀(대)
분량
12개
예열 온도
175℃
굽는 시간
30분

당근 머핀

당근과 시나몬이 풍미를 더해주는 촉촉한 머핀

Ready

준비물

머핀틀(대), 핸드믹서기, 고무주걱, 깊은 중간 볼, 저울, 굵은 체, 머핀 유산지

재료

유기농박력분 …… 280g

베이킹파우더 …… 5g

계피가루 …… 15g

올리브오일 …… 230g

유기농설탕 …… 380g

소금 …… 조금

달걀 …… 4개

바닐라익스트랙 …… 3방울

당근(중간 크기, 가늘게 체썬 것) …… 1개

토핑

크림치즈+우유+설탕……70g+30g +20g (섞어 놓는다.)

Recipe

1 건재료(박력분+베이킹파우더+계피가루)는 체쳐 놓는다.

2 '달걀+설탕+소금'을 핸드믹서기로 충분히 힘차게 돌려 크림 상태로 만든 후 올리브오일을 가볍게 섞고 마지막에 바닐라익스트랙을 넣는다.

3 크림 상태의 2에 1을 섞어 부드럽게 반죽한다.

4 물기를 살짝 짠 체친 당근을 반죽에 넣어 잘 섞는다.

5 머핀틀에 80% 정도 붓는다.

6 다 구운 후 식히고 그 위에 부드럽게 반죽해놓은 크림치즈를 올린다.

Almond Muffin

크기
머핀틀(대)

분량
12개

예열 온도
175℃

굽는 시간
25분

아몬드 머핀

아몬드의 고소함이 가득한 부드러운 머핀

Ready

준비물

머핀틀(대), 핸드믹서기, 고무주걱, 깊은 중간 볼, 저울, 고운 체, 머핀 유산지

재료

유기농박력분 …… 160g

아몬드가루 …… 60g

베이킹파우더 …… 3g

우유버터 …… 100g

유기농설탕 …… 60g

생크림 …… 70g

달걀 …… 2개

달걀노른자 …… 1개

바닐라익스트랙 …… 3g

메이플시럽 …… 50g

아몬드슬라이스 …… 50g(30g은 반죽
　에 넣고 20g은 남긴다.)

Recipe

1 건재료(박력분+아몬드가루+베이킹파우더)는 체쳐 놓는다.

2 '버터+설탕'을 핸드믹서기로 잘 섞고 달걀을 한 개씩 넣어 분리되지 않도록 크림 상태로 만든다. 마지막으로 '생크림+메이플시럽+바닐라익스트랙'을 넣어 분리되지 않도록 잘 섞는다.

3 크림 상태의 2에 1을 섞고 아몬드슬라이스 30g을 넣고 부드럽게 반죽한다.

4 머핀 틀에 반죽을 80% 담고 그 위에 아몬드슬라이스를 뿌리고 굽는다.

Apple Muffin

크기
머핀틀(대)

분량
12개

예열 온도
175℃

굽는 시간
30분

애플 머핀
부드러운 머핀에 사과가 가득 담긴 상큼한 머핀

Ready

준비물

머핀틀(대), 핸드믹서기, 고무주걱, 깊은 중간 볼, 저울, 고운 체, 머핀 유산지

재료

유기농호밀가루 …… 120g

유기농박력분 …… 140g

베이킹파우더 …… 5g

계피가루 …… 3g

우유버터 …… 70g

유기농설탕 …… 80g

생크림 …… 80g

사과주스 …… 20g

달걀 …… 1개

사과(중간 크기)+설탕 …… 2개+60g

Recipe

크럼블

크럼블 만드는 법(p.48) 참조

1 건재료(호밀가루+박력분+베이킹파우더+계피가루)는 체쳐 놓는다.

2 '버터+설탕'을 거품기로 잘 섞고 달걀을 넣어 분리되지 않도록 크림 상태로 만들고 마지막에 '생크림+사과주스'를 넣어 잘 섞는다.

3 잘 섞은 2에 1을 섞어 부드러운 반죽을 만들고 졸인 사과 반을 넣고 가볍게 버무린다.

4 머핀틀에 반죽을 80% 담고 그 위에 나머지 졸인 사과를 수북히 올리고, 그 위에 크럼블을 올려 갈색이 나도록 노릇하게 굽는다.

Magot's Sweet Tip
사과 졸이기

1. 사과 1개는 갈아서 설탕 30g을 넣고 졸인다.

2. 사과 1개는 작은 깍둑썰기하고 설탕 30g을 버무려 아삭하게 살짝 졸인다.

Blueberry Pound
블루베리 파운드

Yuzu Pound
유자 파운드

Walnut Pound
호두 파운드

Chocolate Pound
초코 파운드

호두 파운드

촉촉한 파운드 질감에 고소한 호두가 풍부한 맛을 더해주는 파운드

Ready

준비물

파운드틀(소) 3개, 핸드믹서기, 고무주걱,
깊은 중간 볼, 저울, 고운 체, 짤주머니

재료

유기농박력분 …… 135g

베이킹파우더 …… 7g

우유버터+유기농설탕 …… 135g+80g

달걀노른자 …… 3개

달걀흰자+유기농설탕 …… 3개+30g

바닐라익스트랙 …… 3방울

호두(다진 것) …… 70g

Recipe

1 건재료(박력분+베이킹파우더)는 체쳐 놓는다.

2 '버터+설탕'을 거품기로 잘 섞고 달걀노른자를 한 개씩 나눠 넣어 분리되지 않도록 부드러운 크림 상태로 만든다. 마지막으로 바닐라익스트랙을 넣고 잘 섞어 마무리한다.

3 '달걀흰자+설탕'으로 머랭을 만든다(머랭 만드는 법(p.41) 참조).

4 크림 상태의 2에 1을 섞어 부드러운 반죽을 만들고 3의 머랭을 세 번에 걸쳐 부드럽게 섞는다.

5 반죽을 짤주머니에 담는다.

6 반죽을 파운드틀 바닥에 한번 깔고 호두를 뿌린다.

7 반죽을 그 위에 짜고 맨 위에 호두를 한 번 더 올린다.

촉촉하고 담백한 맛이 일품인 구움

초코 파운드

부드러운 파운드 케이크에 초콜릿의 달콤함이 가득한 파운드

Ready

준비물

파운드틀(소) 3개, 핸드믹서기, 고무주걱,
깊은 중간 볼, 저울, 고운 체, 짤주머니

재료

유기농박력분 ······ 120g

카카오파우더 ······ 15g

베이킹파우더 ······ 7g

우유버터+유기농설탕 ······ 135g+80g

달걀노른자 ······ 3개

달걀흰자+유기농설탕 ······ 4개+30g

초콜릿 덩어리(칼로 잘라 놓는다.) ······
　　150g

Recipe

반죽 만드는 법은 호두 파운드(p.252) 1~5 참조

1 반죽을 파운드틀 바닥에 한번 깔고 초콜릿을 뿌린다.

2 반죽을 그 위에 짜고 맨 위에 초콜릿을 한번 더 올린다.

블루베리 파운드

블루베리의 신선한 맛이 부드러운 파운드와 잘 어울리는 건강 파운드

Ready

준비물
파운드틀(소) 3개, 핸드믹서기, 고무주걱,
깊은 중간 볼, 저울, 고운 체, 짤주머니

재료
유기농박력분 …… 135g
베이킹파우더 …… 7g
우유버터+유기농설탕 …… 135g+80g
달걀노른자 …… 3개
달걀흰자+유기농설탕 …… 3개+30g
블루베리잼 …… 150g

Recipe

반죽 만드는 법은 호두 파운드(p.252) 1~5 참조

1 반죽을 파운드틀 바닥에 한번 깔고 블루베리를 올린다.

2 반죽을 그 위에 짜고 맨 위에 블루베리를 한번 더 올린다.

유자 파운드

유자의 새콤달콤한 향이 입안을 행복하게 해주는 파운드

Ready

준비물
파운드틀(소) 3개, 핸드믹서기, 고무주걱,
깊은 중간 볼, 저울, 고운 체, 짤주머니

재료
유기농박력분 …… 135g
베이킹파우더 …… 7g
우유버터+유기농설탕 …… 135g+80g
달걀노른자 …… 3개
달걀흰자+유기농설탕 …… 3개+30g
레몬즙 …… 5g
유자청 …… 100g
피칸(다진 것) …… 조금(파운드 윗면에
　뿌릴 양)

Recipe

반죽 만드는 법은 호두 파운드(p.252) 1~5 참조

1 반죽을 파운드에 바닥에 한번 깔고 유자청을 올린다.

2 반죽을 그 위에 짜고 맨 위에 유자청을 한번 더 올린 다음 피칸을 뿌린다.

No-bake cookies
(muesli)

Part 9

뮤즐리 쿠키

곡물을 이용한 영양에너지 쿠키

Rubus Coreanus
Cranberry Muesli

복분자베리 뮤즐리

새콤달콤한 베리향이 가득한 매력덩어리 건강 쿠키

Ready

준비물
저울, 나무주걱, 냄비, 아이스크림 스쿱,
중간 볼

재료
라이스크런치 …… 140g

현미크런치 …… 110g

복분자베리 파우더 …… 30g

건파파야 …… 20g

건크랜베리 …… 20g

건커런츠(작은 건포도) …… 20g

건파인애플 …… 20g

마시멜로(대, 가위로 잘라 놓는다.) ……
　5개

우유버터 …… 15g

콘시럽 …… 60g

유기농설탕 …… 50g

생크림 …… 50g

Recipe

1 건재료(크런치+건과류+복분자베리 파우더)는 가볍게 섞어 놓고 마시멜로를 넣는다.

2 냄비에 '시럽+설탕+생크림'을 넣고 바글바글 끓어오르면 버터를 넣고 불을 끈다.

3 2를 1에 가볍게 섞고 버무린다.

4 재료를 한 스쿱씩 떠서 굳혀 완성한다.

Magot's Sweet Tip
끈적임이 있는(예, 마시멜로) 재료를
성형할 경우 스쿱을 얼음물에 담가 사
용하면 붙지 않고 잘 떼어 낼 수 있다.

뮤즐리 쿠키

Green Tea Muesli

녹차 뮤즐리

쌉쌀한 녹차 맛과 바삭 씹히는 쌀 크런치 맛이 잘 어울리는 건강 쿠키

Ready

준비물
저울, 나무주걱, 냄비(중), 아이스크림
스쿱, 중간 볼

재료
라이스크런치 …… 250g
녹차가루 …… 7g
녹차잎(다진 것) …… 3g
호두(다진 것) …… 30g
피칸(다진 것) …… 30g
콘시럽 …… 90g
유기농설탕 …… 80g
메이플시럽 …… 10g
우유버터 …… 30g

Recipe

1 '라이스+녹차가루+녹차잎+넛류'는 가볍게 섞어 놓는다.

2 냄비에 '콘시럽+메이플시럽+설탕'을 넣고 바글바글 끓어오르면 버터를
넣어 완전히 섞어 놓는다.

3 섞어 놓은 2를 1에 가볍게 섞고 피칸을 넣어 완전히 섞는다.

4 식기 전에 아이스크림 스쿱으로 한 스쿱씩 떠서 반원 형태의 뮤즐리를 만
든다.

Caramel Muesli

캐러멜 뮤즐리

쌀과 현미로 만들어 다이어트나 건강식으로 효과적인 쿠키

Ready

준비물

사각 오븐팬(20×20cm), 저울, 나무주걱, 냄비(중), 밀대, 일자칼

재료

현미크런치 …… 120g

쌀크런치 …… 160g

해바라기씨 …… 50g

크랜베리 …… 30g

호두 …… 30g

피넛버터 …… 80g

콘시럽 …… 90g

유기농설탕 …… 60g

우유버터 …… 25g

캐러멜시럽 …… 30g

Recipe

1 '현미+쌀+견과류'를 섞어 놓는다.

2 냄비에 '콘시럽+피넛버터+설탕'을 넣고 바글바글 끓어오르면 '버터+캐러멜시럽'을 넣어 완전히 섞이도록 마무리한다.

3 완전히 섞인 2를 1에 넣고 가볍게 섞어준 후 뜨거울 때 사각 오븐팬에 넣고 눌러가며 두께 3cm가 되도록 밀대로 눌러 단단한 뮤즐리를 만든다.

4 완전히 식어서 굳으면 칼로 알맞게 자른다.

✳ Magot's Sweet Tip

완전히 식힌 후 잘라야 칼에 묻어나지 않는다. 재료 구매가 어려울 경우 시중에서 판매되는 여러 프레이크를 믹스해서 만들어도 좋은 맛을 얻을 수 있다.

Chocolate Muesli

초콜릿 뮤즐리

코코볼에 바삭함을 더해주고 초콜릿의 달콤함이 가득한 에너지바

Ready

준비물

지름 5cm 원형 무스틀, 저울, 나무주걱,
냄비(중), 밀대, 중간 볼

재료

오곡 초코볼 ······ 250g

호두분태 ······ 50g

아몬드슬라이스 ······ 50g

콘시럽(올리고당 대체 가능) ······ 105g

유기농설탕 ······ 100g

초콜릿 ······ 70g

우유버터 ······ 30g

바닐라에센스 ······ 5g

Recipe

1 '오곡 초코볼+호두분태+아몬드슬라이스'를 섞어 놓는다.

2 중간 냄비에 '콘시럽+설탕'을 넣고 끓어오르면 '초콜릿+버터+바닐라에센스'를 넣고 모든 재료가 완전히 섞이도록 녹인다.

3 끓인 2를 1에 가볍게 섞는다. 이때 뜨거운 상태에서 형태를 만들어야 한다.

4 원형 무스틀을 이용해서 형태를 만든다.

✳ Magot's Sweet Tip

식히기 전에 형태를 만들어야 하며 자를 때에는 약간 따뜻할 때 자르는 것이 잘 잘린다. 넛류는 좋아하는 넛류로 대체 가능하다.

cookie studio
Magot

1865

lim ae yeon's
MAGOT
cookies

Since 1998
Organic Cookie Studio & Caffe
All natural, Gourmet Cookies

http://www.magot.co.kr

About MAGOT

BRAND CONCEPT

정직한 재료와 건강한 마음을 담았습니다. 모든 제품을 손으로 하나하나 정성껏 만든
프리미엄 유기농 수제쿠키입니다.

ALL NATURAL, GOURMET COOKIES

마고쿠키는 자연의 영양은 그대로 살리면서 모든 제품에 방부제나 유해물의 무첨가를
원칙으로 모든 재료를 친환경·유기농 재료를 사용하여 만든 명품 수제쿠키입니다.

MAGOT'S PROMISE

홈메이드 쿠키의 선두주자인 마고쿠키는 최고급 친환경·유기농 재료를 사용하여 믿
을 수 있는 제품을 만들겠습니다. 재료 본연의 맛을 살려 홈메이드 스타일로 구워낸
유기농 수제쿠키는 오픈키친 시스템을 통하여 쿠키를 만드는 과정을 직접 볼 수 있어
고객에게 항상 믿음과 신뢰를 지키겠습니다.

WWW.MAGOT.KR   TEL 02-511-3168

MAGOT'S HISTORY

1998년	오프라인 매장 시작
2008년	온라인몰 제품 출시
	홈베이킹 클래스, 디자인 강좌 운영
2009년	교통방송 〈일자리창출 프로젝트〉, 경인방송 〈생방송 투유〉, KBS 〈리빙쇼 당신의 여섯 시〉, KBS1 TV 〈희망 릴레이 일자리 119〉 방송
2010년	Story On 〈친절한 미선씨〉, CBS 〈꿈과 음악사이〉, MBC 〈미인도〉 및 Saved the children 협찬, 현대백화점 본점 입점
2011년	KBS2 TV 〈생방송 오늘〉 방송, Kids Food Festival 참가, 신세계백화점 죽전점 입점, 롯데백화점 Olga food/MVG 납품
2012년	KBS2 TV 〈생생 정보통〉 방송, 신세계스타슈퍼 입점
2013년	SBS CNBC 〈HOT 알짜배기 아이템〉 방송

MAGOT'S GALLERY

이비스 엠베서더 호텔, 국민은행 VIP, 신한은행 VIP, 키톤코리아 / 피아자 셈피오네 브랜드 런칭쇼, 장로신학대학, ING생명, LIG보험, 흥국생명, 대한민국 1회 퀼트 페스티벌, 로레알 메이블린 런칭쇼, GE헬스케어, 키즈푸드 페스티벌, LG히다찌, 티켓몬스터, 만다리나덕, 인피니티 등 각종 기업 VIP/답례 및 Cafe, Opening 다수

The COOKIES 더 쿠키

초판 1쇄 발행 2013년 12월 9일
초판 8쇄 발행 2018년 12월 5일

지은이 임애연
펴낸이 김영조
콘텐츠기획팀 정보영, 구효선
마케팅팀 이유섭, 배태욱
경영지원팀 정은진
외부스태프 디자인 ALL design group
　　　　　　촬영 이과용, 박상국
　　　　　　스타일링 박용일
펴낸곳 싸이프레스
주소 서울시 마포구 양화로7길 4-13(서교동 392-31) 302호
전화 02-335-0385/0399
팩스 02-335-0397
이메일 cypressbook1@naver.com
홈페이지 www.cypressbook.co.kr
블로그 blog.naver.com/cypressbook1
포스트 post.naver.com/cypressbook1
페이스북 www.facebook.com/cypressbook
인스타그램 @cypress_book
출판등록 2009년 11월 3일 제2010-000105호

ISBN 978-89-97125-37-1 13590

이 도서의 국립중앙도서관 출판시도서목록(CIP)은 e-CIP홈페이지(http://www.nl.go.kr/cip.php)와 국가자료공동목록시스템(http://www.nl.go.kr/kolisnet)에서 이용하실 수 있습니다.(CIP 제어번호:2013025020)